○ 香料饮料作物品种资源与栽培利用系列丛书

可可
品种资源与栽培利用

李付鹏　秦晓威◎主编

中国农业出版社
北　京

图书在版编目（CIP）数据

可可品种资源与栽培利用/李付鹏，秦晓威主编
. —北京：中国农业出版社，2022.10
　ISBN 978-7-109-29909-2

　Ⅰ.①可…　Ⅱ.①李…②秦…　Ⅲ.①可可-栽培技
术　Ⅳ.①S571.3

中国版本图书馆CIP数据核字（2022）第157399号

中国农业出版社出版
地址：北京市朝阳区麦子店街18号楼
邮编：100125
责任编辑：石飞华
版式设计：杨　婧　　责任校对：吴丽婷　　责任印制：王　宏
印刷：北京中科印刷有限公司
版次：2022年10月第1版
印次：2022年10月北京第1次印刷
发行：新华书店北京发行所
开本：700mm×1000mm　1/16
印张：14
字数：260千字
定价：150.00元

　　本书的编著和出版，得到2021年海南省重点研发计划项目"海南可可优良品种选育及配套关键技术集成示范"(ZDYF2021XDNY123)、国家自然科学基金项目"可可种子油脂积累和脂肪酸组分的分子调控机制"(31670684)、中国热带农业科学院基本科研业务费专项资金"热带饮料作物（咖啡、可可）优质抗逆种质创制与新品种选育"(1630142022003)、国家热带植物种质资源库香料饮料种质资源分库 (NTPGRC2021-014、NTPGRC2022-014) 等项目经费资助。

编著者名单

主　编　李付鹏　秦晓威

副主编　伍宝朵　朱自慧　初　众

编著者（按姓氏音序排列）

初　众　房一明　高圣风　谷风林

何　云　贺书珍　赖剑雄　李付鹏

秦晓威　宋应辉　王　华　王　政

吴　刚　伍宝朵　闫　林　章斌卿

赵溪竹　朱自慧

Foreword 前言

可可（*Theobroma cacao* L.）是梧桐科（Sterculiaceae）可可属（*Theobroma*）多年生热带经济作物，又称巧克力树，与咖啡、茶并称为"世界三大饮料作物"。可可种子富含可可脂、多酚、可可碱等活性成分，具有抗氧化、抗炎作用，可以降低胆固醇和糖尿病风险、预防多种心脑血管疾病等，是制作巧克力、功能饮料、糖果、糕点等的重要原料，被誉为"巧克力之母"。此外，可可是热带地区的标志性树种，具有热带植物典型的"老茎生花结果"特征，树姿优美，极具科普观赏价值，可可果肉含有蛋白质、糖、维生素、氨基酸、微量元素等，酸甜可口，可直接食用，也用于制作果汁、酿酒等。

可可原产于南美洲亚马孙河流域的热带雨林，广泛分布于南纬20°与北纬20°之间的非洲、中南美洲、东南亚和大洋洲80多个国家和地区，直接从业者超过4 000万人。2020年全世界可可收获面积约1 230万公顷，总产量约570万吨，可可豆贸易额超过200亿美元。

中国可可主要分布在海南、台湾和云南等地，最早于1922年引入中国台湾试种，1954年由华侨引入海南试种，尤其是在万宁市兴隆华侨农场归侨的房前屋后零星种植较普遍，是具有典型华侨乡土文化特色的饮料资源，可可热饮是侨乡人传统美食记忆。目前中国可可人均年消费量不足0.1千克，不及西方国家平均消费水平的10%。近年来，随着国民经济的快速发展及人民生活水平的提高，中国居民对可可制品的消费需求日益增加。据国际可可组织（International Cocoa Organization，ICCO）统计，中国每年进口可可豆及可可制品超过10万吨，并以年均10%左右的速度快速增长。如果中国可可人均年消费量达到世界平均水平，即每人每年消费1千克，那么中国可可豆需求量将占世界总产量的1/4，市场潜力巨大。

海南岛位于北纬18.1°～20.1°，处于适宜可可种植的最北缘地区，特异的种植环境造就出独特品质与风味的可可豆，具有浓郁的水果和坚果风味，促使海南可可豆广受消费市场的欢迎。2020年，海南生产的优质可可豆首次出口到欧盟国家，品质得到世界上首家"bean to bar"巧克力品牌——"皮尔·马可里尼"的青睐。在中国海南，可可优良品种种植2.5～3年后，开始开花结果，盛产期可可豆年平均产量1 500～1 800千克/公顷，按照优质可可豆50元/千克计算，每公顷年产值7.5万～9万元，效益可观，市场紧俏。此外，可可果肉酸甜可口，可直接食用，可可果实主要成熟季为每年2～4月，恰逢春节期间，市场对可可鲜果的需求旺盛，田间收购价可达5～8元/个；鲜果销售结合优质可可豆生产，经济效益更为可观。

当前中国热带地区农业产业面临转型升级，农民增收渠道不多。可可种植管理相对粗放，种植地遍布经济林下、房前屋后、道路两侧等，种植方式灵活多样，也是美化绿化乡村环境的良好资源。随着海南省建设国际旅游消费中心、自由贸易港进程的推进，游客对各种名、优、奇、特资源的需求与日俱增，需要积极拓展升级旅游产品，布局特色旅游消费，健康生态且赏心悦目的可可将是游客最想探寻和品尝的项目之一，对发展地方特色经济、实现乡村振兴具有重要现实意义。由于观赏特性及独特的风味品质，近年来中国可可受到新闻媒体的广泛关注，2018年10月22日中央电视台二套"水果传"、2021年4月10日中央电视台四套"中国地名大全"、2021年10月25日海南周刊专刊"可可传奇"、2021年11月13日中央电视台二套"是真的吗？——可可果也可以生吃"、2022年1月4日中国日报商业焦点栏目"Hainan becoming known for premier chocolate"等对可可进行了科普宣传，也让更多民众进一步认知了解了可可。因此，可可作为特色经济作物，产业发展潜力较大，市场前景看好。

中国可可研究经历了近70年的历程，在市场需求的不断推动下，目前可可产业正处于规模化商业种植阶段，结合海南主产区气候环境特点，中国可可产业具有广阔的发展预期；现阶段，可可优良种质资源不足以及优良种苗繁育技术与标准化种植技术匮乏，仍是制约可可产业健康发展的重要因素。农业农村部中国热带农业科学院香料饮料研究所（以下简称香饮所）可可研究中心一直致力于可可种质资源收集保存、鉴定评价与创新利用、高效栽培技术、加工技术与产品研发等研究工作。《可可品种资源与栽培利用》的撰写出版，是在国内外研究成果基础上，香饮所最新研究成果及生产实践的总结，对加快中国可可产业科技进步及可持续发展具有重要指导作用。

　　本书由李付鹏、秦晓威主编，其中：李付鹏负责全书的框架，可可主要品种资源及种苗繁育技术等章节的编写；秦晓威负责全书统稿，可可分类及资源鉴定评价等章节的编写；宋应辉、赵溪竹负责国内外研究现状章节的编写；伍宝朵、闫林、吴刚负责生产与消费现状及生物学特性章节的编写；赖剑雄、朱自慧、王华负责种植技术章节的编写；王政、高圣风负责病虫害防控章节的编写；初众、贺书珍、房一明负责收获与加工章节的编写；何云、谷风林、章斌卿负责国外资源、图书资料收集整理。本书系统介绍了国内外可可生产与消费现状、中国可可引种历史、生物学特性、分类及主要品种、种植技术、病虫害防控、收获与加工等知识，图文并茂，具有技术实用性和可操作性强等特点，可供广大科技人员、科研院校师生和农业种植者查阅使用。本书在编写过程中得到其他有关单位的大力支持，在此谨表诚挚的谢意！由于编著者水平所限，书中难免有错漏之处，恳请读者批评指正。

编著者

2022年2月

CONTENTS 目录

前言

| 第一章 | 可可概述 | / 1 |

第一节　起源与传播　　　　　　　　　　　　　　/ 1
第二节　生产与消费现状　　　　　　　　　　　　/ 5
第三节　国内外研究现状　　　　　　　　　　　　/ 16

| 第二章 | 可可生物学特性 | / 21 |

第一节　形态特征　　　　　　　　　　　　　　　/ 21
第二节　开花结果习性　　　　　　　　　　　　　/ 31
第三节　对环境条件的要求　　　　　　　　　　　/ 32

| 第三章 | 可可分类及主要品种资源 | / 36 |

第一节　分类　　　　　　　　　　　　　　　　　/ 36
第二节　资源鉴定评价　　　　　　　　　　　　　/ 42
第三节　主要品种资源　　　　　　　　　　　　　/ 48

| 第四章 | 可可种苗繁育技术 | / 102 |

第一节　有性繁殖　　　　　　　　　　　　　　　/ 102
第二节　无性繁殖　　　　　　　　　　　　　　　/ 111
第三节　种苗出圃　　　　　　　　　　　　　　　/ 122

第五章　可可种植技术 / 125

第一节　种植区划 / 125

第二节　种植园建设 / 128

第三节　树体管理与施肥 / 135

第六章　可可主要病虫害防控 / 164

第一节　病虫害防控原则及方法 / 164

第二节　主要病害及防控 / 169

第三节　主要虫害及防控 / 173

第七章　可可收获与加工 / 183

第一节　果实收获 / 183

第二节　可可豆加工 / 185

第八章　可可利用价值与发展前景 / 192

第一节　营养成分及利用价值 / 192

第二节　发展前景 / 205

参考文献 / 208

Chapter 1

第一章　可可概述

第一节　起源与传播

一、可可起源与故事

可可是热带特色经济作物，原产于南美洲亚马孙河流域的热带雨林。3 000多年前，居住在中美洲地区（今墨西哥境内）的印第安人将可可树种植到庭院中，采摘可可果实，取出可可豆干燥后捣碎，加入玉米粉、辣椒、香草兰等，制作成叫"xocoatl"（意为"苦水"）的饮料。在古玛雅帝国和阿兹特克帝国，可可豆是相当昂贵的财富——作为统治者的贡品、市场上交易的货币和祭神的祭品，被奉为"神的食物"。只有那些有足够社会地位和经济基础的阿兹特克精英（统治者、祭司、受人尊敬的战士）才能品尝到可可饮料。

在阿兹特克帝国，人们一直坚信，可可是羽蛇神赐予的礼物，羽蛇神为表彰一位阿兹特克英雄的勇气与忠诚，将可可赠予她的族人。相传阿兹特克公主的丈夫因为拒绝向商人透露宝藏所在地而被商人杀害，羽蛇神让可可树在他牺牲之处生长出来。可可树的果实包含几十粒种子，其苦味犹如他身受的痛楚，味浓犹如他高尚的情操，色红犹如他流淌的鲜血。

依据地理起源和形态特征将可可分成克里奥罗（Criollo）、福拉斯特洛（Forastero）和特立尼达（Trinitario）三大遗传类群。以Hunter和Leake为代表的"南－北散布假说"认为，可可起源于南美洲亚马孙河流域安第斯山脚下的厄瓜多尔与哥伦比亚边界，由印第安人将克里奥罗可可的种子传播至中美洲。可可驯化初期，印第安人在庆典仪式中用可可饮料祭祀神灵。由于宗教因素，早期栽培的可可品种果实多呈红紫色。克里奥罗可可品质好，但产量低、抗逆性较差，种植面积小。16世纪后，随着欧洲国家开始大量利用可可，可可豆需求增加，福拉斯特洛可可由于产量高、抗逆性强而在世界热带地区广泛栽

培。特立尼达可可由克里奥罗可可与福拉斯特洛可可在特立尼达岛杂交而来，由此而得名，其品质和产量介于二者之间。

图1-1　印第安人制作可可饮料

图1-2　可可饮料是玛雅人祭祀仪式中重要祭品

图1-3　可可与阿兹特克英雄重生

二、可可在世界传播历程

可可在世界范围传播始于大航海时代。克里斯托弗·哥伦布发现美洲前，美洲原住民玛雅人以及阿兹特克人就已经在种植可可，并将可可作为流通货币使用。哥伦布在游记中记载，1502年到达尼加拉瓜，将可可豆作为商品运出中美洲。1519年之前，墨西哥已有栽培和饮用可可的记载，人们将烘炒的可可豆用石头磨碎，混以香草兰、桂皮、胡椒等，制成饮品。1519年，西班牙探险家埃尔南·科尔特斯在阿兹特克帝国（今墨西哥境内）发现一种叫做xocoatl的饮品（巧克力饮料），于1528年带回西班牙。西班牙人将糖和牛奶加进这种巧克力以改进口感，随后可可饮品在欧洲盛行，促使西班牙、法国、荷兰等殖民者在其殖民地多米尼加、特立尼达、海地等地种植可可。1544年，多米尼加代表团拜见西班牙腓力王子时，随身携带的可可饮料引起西班牙贵族

3

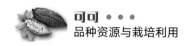

的浓厚兴趣。1560年，西班牙人将可可从委内瑞拉引入印度尼西亚的苏拉威西岛，随后传入菲律宾。

1585年，第一艘从墨西哥运载可可豆的商船抵达西班牙港口，意味着欧洲人对可可消费需求已被调动起来。17世纪20年代，荷兰人接管加勒比地区库拉索岛的可可种植业，并于1778年将可可从菲律宾引种至印度尼西亚和马来西亚。17世纪60年代，法国人将可可陆续带到马丁尼克岛、圣卢西亚、多米尼加、圭亚那和格林纳达等地区。17世纪70年代，英国人将可可引入牙买加。18世纪中叶，可可由巴西北部的帕拉河引种至巴伊阿。由于欧洲国家对可可制品的强烈需求，促使可可种植业持续扩张。19世纪初，可可被引种至普林西比岛（1822年）、圣多美岛（1830年）和比奥科岛（1854年）等非洲地区。此后，经由比奥科岛传入非洲西部的尼日利亚（1874年）、加纳（1879年）、科特迪瓦（1905年），又至喀麦隆（1925—1939年），该地区现已成为世界最大的可可主产区。

三、可可在中国的引种历史

中国引种可可历史相对较短。1922年首次由印度尼西亚引入中国台湾嘉义、高雄等地种植。1954年归国华侨从马来西亚、印度尼西亚等国带回可可种子，并在海南兴隆房前屋后种植。1956年海南保亭育种站引种试种，种植后3年开花结果。20世纪60年代，华南热带作物研究院兴隆试验站（今"中国热带农业科学院香饮所"）开始引种试种试验，对可可的生物学特性及适应性进行长期系统的观测研究，积累了丰富的种植经验，研发了一套丰产栽培、植保和加工技术。1987—1989年期间，华南热带作物科学研究院（今"中国热带农业科学院"）和中国农业科学院作物品种资源研究所（今"中国农业科学院作物科学研究所"）共同承担了"七五"国家重点科技攻关项目"主要农作物品种资源研究"。其中，华南热带作物研究院兴隆试验站在陈封宝、王庆煌等科技工作者的带领下，完成了海南岛可可种质资源的收集保存与鉴定评价，共收集保存可可种质资源15份，摸清了引种历史、资源种类、分布和主要性状。此期共筛选出8个高产优良单株，先后在海南岛南部及东南部采用椰子间种模式小面积试种，示范推广面积达1 300公顷。"七五"以来，国家高度重视热带作物产业，以王庆煌、刘国道、张籍香、宋应辉、赖剑雄等为代表的科技工作者组织相关专家对马来西亚、印度尼西亚、越南、斯里兰卡等南亚及东南亚国家，科特迪瓦、尼日利亚、科摩罗等非洲国家，哥斯达黎加、厄瓜多尔、巴拿马等拉丁美洲国家，以及汤加、萨摩亚、斐济等南太平洋岛国可可产业进行考察，为中国可可产业发展提供了资源品种、数据和技术支撑。目前，中国可可主要栽培于海南和台湾，云南、广东、广西、福建等地也有零星种植。

可可已成为"世界三大饮料作物"之一。作为热带地区重要的经济作物和全世界人民喜爱的巧克力等食品的原料，可可的起源传播成为连接中南美洲—非洲—亚洲的贸易桥梁，墨西哥、秘鲁、伯利兹、阿根廷、荷兰、印度尼西亚、中国等国家民间均开展了丰富多彩的可可文化节、巧克力文化节等活动，以弘扬和传承民族文化，促进可可作物产业发展，加速可可产业商贸流通。

第二节 生产与消费现状

一、世界可可生产

可可作为重要的热带经济作物，已成为东南亚、非洲、拉丁美洲等热带地区国家农业经济的重要组成，对于发展热带经济，提高边远地区农民收入和

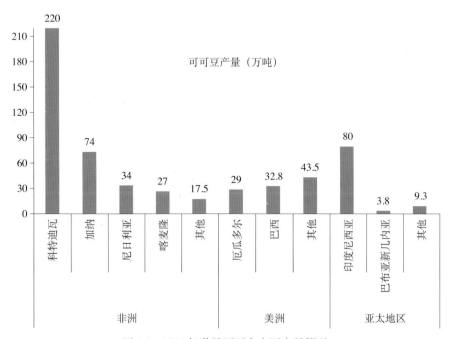

图1-4 2020年世界可可主产国产量概况

生活水平具有重要意义。据联合国粮食及农业组织（FAO）统计，世界上种植可可的国家有80多个，主要分布在非洲、中南美洲、东南亚及大洋洲等地区，其中主产国有科特迪瓦、印度尼西亚、加纳、尼日利亚、喀麦隆、巴西、厄瓜多尔、多米尼加、哥伦比亚、巴布亚新几内亚等。2020年世界可可收获面积约1230万公顷，产量约570万吨。其中，主产国科特迪瓦的可可豆产量占世界总产量的38.2%，加纳占12.9%，印度尼西亚占13.9%，尼日利亚占5.9%，厄瓜多尔占5.0%，喀麦隆占4.7%，巴西占5.7%。目前，科特迪瓦是世界可可豆最大出口国，可可豆出口收入占全国出口总额的一半；其次是加纳，可可豆出口创汇达30亿美元，占该国出口总额的30%。近10年来，世界可可产业发展迅速，种植面积不断扩大，可可豆总产量年均增长约2.5%，但平均单产仍处于较低水平，每公顷约470千克。在一定程度上，可可豆产量的提升主要依靠扩大种植面积实现。

表1-1　2011—2020年世界可可主产国种植面积（万公顷）

（数据源自FAO）

国家	2011年	2012年	2013年	2014年	2015年	2016年	2017年	2018年	2019年	2020年
科特迪瓦	268.5	274.6	273.1	308.4	345.8	330.2	423.5	460.7	477.7	477.5
印度尼西亚	173.3	185.3	174.1	172.7	170.9	170.1	165.8	161.1	160.1	158.2
加纳	160.0	160.0	160.0	168.4	168.4	168.4	185.7	169.0	147.8	145.0
尼日利亚	124.1	126.6	124.0	114.5	105.7	107.0	119.6	128.2	135.4	126.1
喀麦隆	67.0	67.0	67.0	67.0	76.8	51.7	60.0	60.5	67.3	69.5
巴西	68.0	68.4	68.9	70.4	70.3	72.0	59.1	57.7	58.2	58.9
厄瓜多尔	39.9	39.0	40.2	37.3	43.2	45.4	46.7	50.2	52.5	52.7
多米尼加	15.3	15.1	15.1	15.1	15.1	15.1	15.1	15.3	15.1	17.3
哥伦比亚	9.9	15.1	15.5	13.3	13.7	14.1	10.4	10.6	11.8	18.8
巴布亚新几内亚	11.7	9.5	10.2	11.1	11.3	11.2	11.2	11.2	11.2	9.3
世界总计	1 025.4	1 031.4	1 017.7	1 053.4	1 096.0	1 087.2	1 200.0	1 225.1	1 223.4	1 231.6

表1-2　2011—2020年世界可可主产国及产量（万吨）

（数据源自FAO）

国家	2011年	2012年	2013年	2014年	2015年	2016年	2017年	2018年	2019年	2020年
科特迪瓦	151.1	148.6	144.9	163.8	179.6	163.4	203.4	215.4	218.0	220.0
加纳	70.0	87.9	83.5	85.9	85.9	85.9	96.9	90.5	81.2	74.0
印度尼西亚	71.2	74.1	72.1	72.8	59.3	65.7	59.1	76.7	78.4	80.0
尼日利亚	39.1	38.3	36.7	33.0	30.2	29.8	32.5	34.0	35.0	34.0
厄瓜多尔	22.4	13.3	12.8	15.6	18.0	17.8	20.6	23.5	28.4	29.0
喀麦隆	24.0	26.9	27.5	27.2	31.0	21.1	24.6	25.0	28.0	27.0
巴西	24.9	25.3	25.6	27.4	27.8	21.4	23.6	23.9	25.9	32.8
秘鲁	5.6	6.2	7.1	8.2	9.3	10.8	12.2	13.5	13.6	16.0
哥伦比亚	3.7	4.2	4.7	4.8	5.5	5.7	8.9	9.8	10.2	6.3
多米尼加	5.4	7.2	6.8	7.0	7.6	8.1	8.7	8.5	8.9	7.8
世界总计	461.5	461.3	448.5	474.5	482.8	465.1	526.8	557.3	559.6	575.7

二、世界可可出口

可可作为深受欧洲、北美洲、亚洲等国家人民喜爱的饮料食品和农产品，国际市场供需矛盾尤为突出。据联合国粮食及农业组织（FAO）统计，2020年世界可可豆总出口量为411.7万吨，占总产量的71.5%，总出口额达96.6亿美元，总进口额达104.8亿美元，是国际贸易总量比例较高的农产品之一。全世界有84个国家出口可可产品，主要出口国分布在非洲、拉丁美洲和东南亚国家。2020年可可豆、可可脂、可可液块和可可粉等贸易产品总出口量达735.1万吨，总出口额达214.2亿美元，其中可可豆是主要出口形式，占总出口量的56.0%。

表1-3　2011—2020年世界可可豆主要出口国及出口量（万吨）

（数据源自FAO）

国家	2011年	2012年	2013年	2014年	2015年	2016年	2017年	2018年	2019年	2020年
科特迪瓦	107.3	101.2	81.4	111.7	128.6	105.6	151.0	152.6	162.2	163.6
加纳	69.7	58.6	52.6	74.8	57.3	58.1	57.3	84.4	64.4	52.0
喀麦隆	19.0	17.4	18.0	19.3	23.7	26.4	22.2	23.6	31.1	31.3
尼日利亚	21.9	20.0	18.3	19.0	20.0	22.7	28.8	29.5	30.0	21.7
厄瓜多尔	15.8	14.7	17.8	19.9	23.6	22.7	28.5	29.4	27.1	32.3
荷兰	20.8	18.2	21.6	20.2	18.8	14.7	23.1	23.8	24.9	15.3
比利时	8.1	11.7	11.5	13.6	16.1	18.7	23.7	18.9	19.9	22.3
马来西亚	2.5	4.8	4.3	9.4	7.1	9.1	14.5	15.6	11.1	9.6
多米尼加	5.1	6.6	6.4	6.8	8.0	7.4	4.5	7.4	7.0	6.5
秘鲁	2.0	2.7	3.1	4.7	5.9	6.2	5.8	6.2	6.0	5.4
世界总计	329.0	295.5	269.9	323.3	336.0	317.6	384.4	412.5	408.2	411.7

表1-4　2011—2020年世界可可脂主要出口国及出口量（万吨）

（数据源自FAO）

国家	2011年	2012年	2013年	2014年	2015年	2016年	2017年	2018年	2019年	2020年
荷兰	21.3	21.6	23.3	18.0	20.5	21.4	25.9	26.1	27.4	25.6
印度尼西亚	8.3	9.4	8.7	9.9	11.5	11.0	13.7	15.5	13.2	14.4
马来西亚	11.8	10.2	10.0	10.3	9.4	8.5	7.9	8.9	12.5	11
德国	5.1	4.6	5.4	7.3	6.5	7.2	7.0	8.2	9.0	7.6
科特迪瓦	5.6	7.1	5.5	9.0	8.9	8.2	8.8	8.7	8.4	8.6
法国	7.9	7.9	8.3	5.7	7.0	6.1	7.8	7.6	7.3	7.3
加纳	3.9	1.7	2.0	3.8	2.4	3.2	5.6	6.2	6.9	5.5
新加坡	2.9	3.2	3.1	3.0	2.7	2.7	2.7	2.6	2.7	2.9
巴西	2.2	2.0	1.3	1.7	2.7	3.1	3.0	2.1	2.1	2.4
比利时	0.2	0.8	0.2	0.1	0.3	0.3	0.4	1.2	1.8	1.8
世界总计	81.0	83.9	84.5	86.5	86.3	85.7	97.0	103.1	105.8	100.4

表1-5　2011—2020年世界可可液块主要出口国及出口量（万吨）

（数据源自FAO）

国家	2011年	2012年	2013年	2014年	2015年	2016年	2017年	2018年	2019年	2020年
科特迪瓦	14.3	14.3	13.2	21.4	20.1	17.9	20.6	19.5	21.9	25.7
荷兰	13.5	14.0	13.6	14.2	11.6	10.2	16.5	14.8	14.9	18.3
加纳	0.3	0.0	0.0	9.4	8.6	8.8	3.8	4.6	8.6	10.8
德国	5.2	4.8	5.2	5.7	6.9	8.7	7.2	8.5	8.1	7.3
法国	2.8	3.7	3.9	3.9	3.6	3.8	4.3	3.6	4.9	4.7
马来西亚	2.6	2.2	2.1	2.5	2.3	2.5	2.5	3.2	3.3	2.1
印度尼西亚	1.2	0.8	2.3	2.9	2.5	1.9	2.3	1.8	2.1	1.1
比利时	1.4	1.3	1.4	1.1	1.5	1.7	2.2	2.4	2.1	1.7
保加利亚	0.0	0.0	0.2	0.8	0.9	0.9	0.4	1.2	1.5	1.3
厄瓜多尔	0.8	0.6	0.8	0.9	0.9	1.1	0.7	0.9	1.3	2.0
世界总计	52.5	52.5	54.4	73.1	68.5	67.4	71.0	70.9	79.5	87.6

表1-6　2011—2020年世界可可粉主要出口国及出口量（万吨）

（数据源自FAO）

国家	2011年	2012年	2013年	2014年	2015年	2016年	2017年	2018年	2019年	2020年
科特迪瓦	21.5	21.7	23.1	20.5	23.0	22.8	28.7	29.7	30.7	29.6
荷兰	15.5	12.4	13.4	10.8	12.6	15.1	14.1	15.2	16.9	15.3
加纳	10.8	9.4	9.0	10.4	11.0	11.5	11.3	12.4	12.7	11.5
德国	8.5	9.4	8.6	11.3	14.7	14.4	14.6	15.5	12.1	16.3
法国	0.0	0.0	0.0	5.2	4.8	4.8	12.3	13.7	10.4	9.1
马来西亚	5.0	4.9	4.9	5.7	6.1	6.7	7.8	8.3	8.2	7.8
印度尼西亚	4.9	4.9	5.7	5.5	5.2	4.8	4.5	4.7	4.7	4.7
比利时	3.5	3.0	3.4	3.5	3.2	4.1	4.2	4.9	4.1	4.5
保加利亚	4.4	4.6	2.7	3.1	2.5	3.6	3.2	3.0	2.9	3.4
厄瓜多尔	2.6	2.8	2.2	3.0	2.5	2.3	2.9	2.8	2.7	14.8
世界总计	94.5	87.8	87.3	95.9	103.6	110.0	121.1	127.1	124.8	135.4

表1-7 2011—2020年世界可可及制品出口额（亿美元）

（数据源自FAO）

类别	2011年	2012年	2013年	2014年	2015年	2016年	2017年	2018年	2019年	2020年
可可豆	96.2	77.2	68.6	93.3	97.3	95.0	92.4	97.2	96.7	96.6
可可脂	36.3	27.3	35.2	55.1	53.5	53.0	53.0	55.4	56.7	57.0
可可液块	22.9	19.1	20.5	28.9	27.7	28.2	25.1	23.5	25.8	31.0
可可粉	42.0	38.3	29.8	23.7	24.2	28.8	29.5	27.8	26.4	29.6
合计	197.4	161.9	154.1	201.0	202.7	205.0	200.0	203.9	205.6	214.2

三、世界可可进口

世界可可进口量整体呈增长趋势。全世界有95个国家进口可可豆，主要进口国多分布在欧洲、北美洲和亚洲。2020年，总进口量达389.5万吨，总进口额为104.8亿美元。主要进口国为荷兰、美国、德国、马来西亚、比利时、法国、西班牙、英国等。近年来，荷兰一直保持最大进口国地位，2020年进口量为98.8万吨，占世界总进口量的25.4%，进口额为26.4亿美元。马来西亚进口量增幅最大，2020年为38.5万吨，占世界进口量的9.9%，比2016年增加了79.9%，进口额为8.3亿美元。其中，荷兰、比利时是可可豆贸易的重要中转国家。

表1-8 2011—2020年世界主要可可豆进口国及进口量（万吨）

（数据源自FAO）

国家	2011年	2012年	2013年	2014年	2015年	2016年	2017年	2018年	2019年	2020年
荷兰	78.4	68.2	63.1	63.5	36.9	86.1	99.3	115.7	108.0	98.8
德国	44.7	36.9	29.2	33.8	39.7	43.6	44.9	47.0	46.9	44.2
美国	46.4	41.0	44.5	43.7	47.9	42.1	47.0	41.5	37.6	37.7
马来西亚	32.7	33.9	31.2	29.9	22.2	21.4	31.2	34.5	35.1	38.5
比利时	20.1	19.9	23.6	26.4	24.6	30.4	32.0	23.4	28.1	27.9
印度尼西亚	1.9	2.4	3.1	10.9	5.3	6.1	24.6	23.9	23.6	19.9
法国	14.5	12.6	12.2	13.7	13.3	14.9	14.2	15.6	15.7	15.9
土耳其	7.8	8.2	8.2	9.1	8.5	8.7	10.3	9.8	10.7	13.7

（续）

国家	2011年	2012年	2013年	2014年	2015年	2016年	2017年	2018年	2019年	2020年
西班牙	8.7	9.3	10.3	10.9	10.6	11.1	12.4	10.0	10.2	9.8
英国	9.1	9.3	7.3	6.0	5.8	4.2	10.5	11.4	10.1	11.6
世界总计	339.3	316.4	299.2	316.8	277.7	337.9	393.4	412.2	405.6	389.5

表1-9　2011—2020年世界主要可可脂进口国及进口量（万吨）
（数据源自FAO）

国家	2011年	2012年	2013年	2014年	2015年	2016年	2017年	2018年	2019年	2020年
德国	9.0	9.2	11.5	13.5	11.8	13.3	14.5	15.1	16.6	15.2
比利时	7.5	7.5	7.6	8.0	8.0	9.2	9.5	10.3	11.8	11.5
美国	9.3	7.2	8.1	9.8	9.5	8.3	11.2	10.9	11.5	9.8
荷兰	9.1	7.2	9.2	8.0	6.2	7.7	9.5	9.4	10.1	8.6
法国	6.2	7.1	6.4	6.8	6.3	6.4	7.9	7.5	7.1	7.8
英国	4.3	5.2	5.1	4.7	5.9	5.3	5.3	5.3	5.6	5.6
波兰	2.8	2.6	2.5	2.5	2.5	2.8	3.6	3.7	4.0	4.5
俄罗斯	2.8	3.3	3.9	3.6	3.2	2.9	3.3	3.7	3.7	3.5
意大利	2.2	2.6	3.0	2.8	2.8	2.8	2.9	3.2	3.3	3.7
瑞士	2.7	2.6	2.9	2.9	2.8	2.8	2.9	2.9	3.0	2.6
世界总计	74.7	76.9	83.7	86.7	83.0	85.1	95.3	97.7	102.7	98.8

表1-10　2011—2020年世界主要可可液块进口国及进口量（万吨）
（数据源自FAO）

国家	2011年	2012年	2013年	2014年	2015年	2016年	2017年	2018年	2019年	2020年
荷兰	8.3	7.4	9.8	11.3	7.7	8.0	11.5	12.0	12.8	13.1
比利时	4.9	4.7	5.2	5.7	6.5	6.3	8.6	8.4	8.8	8.5
法国	8.5	8.4	9.6	9.4	6.9	7.3	9.7	8.6	8.1	11
德国	7.9	8.3	8.3	8.0	7.7	7.5	6.4	6.3	6.4	7.5
波兰	3.2	3.7	4.1	4.1	4.7	4.7	4.7	5.0	4.9	5.6
美国	2.3	2.0	1.8	2.2	1.5	3.3	3.0	3.5	4.7	7.8

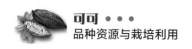

（续）

国家	2011年	2012年	2013年	2014年	2015年	2016年	2017年	2018年	2019年	2020年
俄罗斯	3.5	3.5	4.2	3.7	3.4	3.4	4.2	4.6	4.3	3.7
意大利	1.3	1.3	1.5	1.6	1.9	2.6	2.7	2.9	3.2	2.7
土耳其	0.6	0.8	1.8	1.8	1.9	1.7	1.7	2.1	2.3	2.4
加拿大	1.8	1.4	1.9	1.7	1.8	2.2	2.0	2.2	2.3	2.7
世界总计	60.0	60.8	69.8	71.2	64.6	70.1	79.1	80.6	84.7	88.3

表1-11 2011—2020年世界主要可可粉进口国及进口量（万吨）

（数据源自FAO）

国家	2011年	2012年	2013年	2014年	2015年	2016年	2017年	2018年	2019年	2020年
美国	16.3	16.1	15.0	15.4	13.8	18.1	18.3	15.4	16.8	15.4
西班牙	6.5	5.5	5.6	7.2	8.0	7.2	9.3	9.5	9.7	8.7
荷兰	5.4	4.5	4.9	5.4	2.8	2.9	7.7	8.9	8.8	8.1
德国	5.4	5.3	6.3	7.6	7.6	7.1	7.0	7.6	7.5	6.6
俄罗斯	3.8	3.6	3.8	4.3	4.9	4.6	5.3	5.8	6.0	5.7
法国	5.9	5.3	6.5	5.9	5.7	4.6	4.1	4.5	4.8	4.4
中国	3.0	3.4	3.7	4.3	4.3	4.1	4.5	5.9	4.8	5.0
马来西亚	3.8	2.3	4.5	4.3	5.2	5.6	6.0	5.1	4.7	3.6
意大利	2.8	2.5	2.7	2.8	3.3	3.3	3.6	3.9	4.1	3.7
土耳其	1.5	1.3	1.9	2.1	2.5	1.9	2.6	2.8	3.5	4.1
世界总计	98.8	94.1	100.0	108.7	111.7	116.5	126.6	134.3	135.7	131.4

表1-12 2011—2020年世界可可及制品进口额（亿美元）

（数据源自FAO）

类别	2011年	2012年	2013年	2014年	2015年	2016年	2017年	2018年	2019年	2020年
可可豆	110.7	85.8	78.2	97.7	87.6	107.7	99.3	97.7	97.7	104.8
可可脂	36.2	25.9	35.0	58.2	52.1	53.9	53.8	55.8	57.7	57.5
可可液块	27.3	22.6	24.8	29.1	27.0	30.0	28.6	27.7	29.4	32.3
可可粉	45.6	43.0	34.1	27.3	26.7	32.2	30.9	29.8	29.0	30.6
合计	219.8	177.3	172.1	212.3	193.4	223.8	212.6	211.0	213.8	225.2

四、可可消费现状

据国际可可组织（ICCO）数据统计，2011—2020年期间，世界可可年均加工量约438.3万吨，加工量稳定且有增长趋势。其中，科特迪瓦成长为世界最大可可加工国，2020年加工量为62.0万吨。其次是荷兰、印度尼西亚、德国、美国等。世界可可制品消费严重不平衡，可可生产种植主要集中在发展中国家，可可制品的消费者则主要集中于发达国家，可可豆的买方主要是发达国家的巧克力加工企业。可可豆的主要消费国及其占比如下：美国32.7%，德国11.6%，法国10.3%，英国9.2%，俄罗斯7.7%，日本6.4%，意大利4.6%，巴西3.7%，西班牙2.8%，加拿大2.6%，波兰2.6%，墨西哥2.5%，比利时2.2%（数据来源：联合国贸易和发展大会秘书处）。在世界糖果总产量中，巧克力产品以46.2%的比重，创造出54.6%产值。巧克力产业全球年销售额超过7 000亿元人民币，其中83%的消费集中在欧美地区。在荷兰、西班牙、瑞士、比利时等国家，巧克力已经成为国民经济的支柱产业。德国是全球人均巧克力消费量最大的国家，年人均消费12.2千克；瑞士年人均消费11.7千克；英国年人均消费8.86千克；奥地利年人均消费8.8千克；荷兰年人均消费7.58千克；比利时年人均消费7.54千克；亚洲的日本、韩国年人均消费2.8千克。可可豆及其制品行业主要受其下游消费市场影响。人们对生活和健康有着更高的期望值，认为可可豆中含有大量的酚类和抗氧化物质，可以帮助刺激神经系统并改善心血管循环系统，可可制品也是营养学家推荐的世界十大减肥食品之一。近年来，黑巧克力（即糖、牛奶等含量少的巧克力）受到世人特别是欧洲消费者的喜爱。随着全球经济不断发展，中高档可可制品需求量不断增加。

表1-13　2011—2020年世界主要可可加工国及加工量（万吨）
（数据源自ICCO）

国家	2011年	2012年	2013年	2014年	2015年	2016年	2017年	2018年	2019年	2020年
荷兰	50.0	53.5	54.0	50.3	53.4	56.5	58.5	60.0	60.0	60.0
德国	40.7	40.2	41.5	41.5	43.0	41.0	44.8	44.5	43.0	43.0
科特迪瓦	43.1	47.1	53.5	55.8	49.2	57.7	55.9	60.5	61.4	62.0
加纳	21.2	22.5	22.8	23.4	20.2	25.0	31.0	32.0	29.2	30.0

（续）

国家	2011年	2012年	2013年	2014年	2015年	2016年	2017年	2018年	2019年	2020年
美国	38.7	41.3	41.8	40.0	39.8	39.0	38.5	40.0	38.0	40.0
巴西	24.3	24.1	24.5	22.4	22.5	22.7	23.0	23.5	22.1	22.5
印度尼西亚	27.0	25.5	31.0	33.5	38.2	45.5	48.3	48.7	48.0	49.5
马来西亚	29.7	29.3	27.0	19.5	19.4	21.6	23.6	32.7	31.8	33.5
世界总计	395.7	409.6	425.2	415.4	412.7	439.7	458.5	478.4	467.1	480.9

五、中国可可进出口

中国可可进口整体呈增长趋势，主要是进口可可豆和可可粉。然而，中国可可年人均消费不足0.1千克，不及世界平均消费水平的10%，近年来，随着国民经济的快速发展及人民生活水平的提高，中国居民对可可制品的消费需求日益增加，据联合国粮食及农业组织（FAO）数据统计，2018年中国进口可可豆及可可制品近12万吨，总进口额为3.4亿美元，且中国巧克力市场正以年均10%～15%的增长率迅猛发展，消费潜力巨大。如果中国人均每年可可消耗量增加至1千克，那么世界可可豆需求量将新增140万吨，市场需求潜力巨大。

表1-14　2011—2020年中国可可及制品进口量（万吨）

（数据源自FAO）

类别	2011年	2012年	2013年	2014年	2015年	2016年	2017年	2018年	2019年	2020年
可可豆	3.9	3.4	4.9	3.8	3.1	2.9	2.7	3.3	3.2	2.0
可可脂	0.9	1.2	1.3	1.3	1.3	1.2	1.3	1.4	1.5	1.5
可可液块	1.7	1.6	1.9	1.9	1.8	1.6	1.9	1.8	1.8	1.5
可可粉	2.7	3.1	3.3	3.9	4.0	3.8	4.2	5.5	4.4	5.0
合计	9.2	9.3	11.4	10.9	10.2	9.5	10.1	12.0	10.9	10.0

表1-15　2011—2020年中国可可及制品进口额（亿美元）

（数据源自FAO）

类别	2011年	2012年	2013年	2014年	2015年	2016年	2017年	2018年	2019年	2020年
可可豆	1.2	0.9	1.1	1.1	0.9	0.9	0.6	0.7	0.7	0.5
可可脂	0.4	0.4	0.6	1.0	0.9	0.8	0.7	0.8	0.9	0.8
可可液块	0.9	0.8	0.9	0.9	0.9	0.8	0.8	0.7	0.7	0.7
可可粉	1.4	1.6	1.2	1.0	1.0	1.1	1.1	1.2	1.1	1.2
合计	3.9	3.7	3.8	4.0	3.7	3.6	3.2	3.4	3.4	3.2

表1-16　2011—2020年中国可可及制品出口量（吨）

（数据源自FAO）

类别	2011年	2012年	2013年	2014年	2015年	2016年	2017年	2018年	2019年	2020年
可可豆	0	0	982	153	125	50	688	28	1	2
可可脂	8 120	18 702	19 263	15 687	12 102	9 904	8 082	11 627	9 477	5 702
可可液块	681	581	149	11	5	44	121	47	117	21
可可粉	28 686	19 287	12 447	18 460	18 285	14 119	13 288	9 417	14 780	15 818
合计	37 487	38 570	32 841	34 311	30 517	24 117	22 179	21 119	24 375	21 543

表1-17　2011—2020年中国可可及制品出口额（万美元）

（数据源自FAO）

类别	2011年	2012年	2013年	2014年	2015年	2016年	2017年	2018年	2019年	2020年
可可豆	0	2	269	49	41	14	159	3	0	1
可可脂	3 255	5 458	8 807	10 491	7 622	6 058	3 849	6 512	4 940	2 936
可可液块	315	242	56	5	2	20	48	16	49	8
可可粉	9 390	5 446	2 635	3 271	3 182	2 618	2 090	1 412	2 006	2 431
合计	12 960	11 147	11 767	13 816	10 847	8 711	6 145	7 943	6 995	5 376

第三节 国内外研究现状

一、可可种质资源保存与鉴定方面

国际上关于可可种质资源方面的研究比较深入，主要集中于种质资源遗传多样性、重要数量性状位点（Quantitative trait locus，QTL）定位、基因组方面等。传统上将可可分成3个类群：克里奥罗（Criollo）、福拉斯特洛（Forastero）、特立尼达（Trinitario）；2008年，基于染色体分析与分子标记鉴定将可可资源分成10个类群：Amelonado、Contamana、Curaray、Guiana、Iquitos、Maraňón、Nanay、Purús、Criollo和Nacional。

为寻找有效的抗黑果病资源，法国国际农业研究中心利用无性系JMC47为对照，对圭亚那收集的野生可可资源进行鉴定，发现南美洲的野生可可对非洲疫霉菌（*Phytophthora megakarya*）表现出极强的抗性；利用抗黑果病品系SCA6×H和IFC1为亲本，构建出包含151株F_1后代的分离群体，抗黑果病QTL定位结果表明，在5个连锁群上鉴定出13个黑果病抗性相关的QTL位点。法国国际农业研究中心与美国农业部分别对可可Criollo、Amelonado种质基因组进行测序，分别获得覆盖Criollo 76%的全基因组序列、Amelonado 92%的全基因组序列。通过全基因组序列分析发现，与抗病相关基因*NBS-LRR*和*RPK*分别有253以及297个，为可可抗病基因研究提供参考。国外对可可抗旱及抗涝也开展了初步研究，抗旱方面开展了与抗旱相关的多胺合成途径基因表达模式分析，以及钩状木霉菌与可可共生对抗旱性的促进作用；抗涝方面开展了抗涝种质的鉴定筛选研究，对35份种质浸水处理45天，发现种质的幸存系数（survival index）从30%至96%不等，筛选出一些抗涝种质。

目前，据国际可可种质资源数据库（ICGD）统计，收集保存量较大的国家有特立尼达和多巴哥（2 400余份）、厄瓜多尔（2 332份）、加纳（1 336份）、巴西（1 302份）、哥斯达黎加（1 250份）和印度尼西亚（305份）等。20世纪50年代以来，中国热带农业科学院香饮所陆续对亚洲、非洲、美洲和大洋洲等地区的20余个国家进行可可种质资源考察，收集引进种质资源500余份，包含大量的野生近缘种、地方品种、培育品种、育种材料等资源，活体保存于国家热带香料饮料种质资源圃，资源保存量居亚洲与大洋洲第三位。

二、可可品种培育方面

可可豆是可可的主要商业化形式，培育高产品种是可可育种的主要目标之一。可可豆产量是一个复杂的数量性状，环境影响较大，选育稳定高产品种难度较大。20世纪30年代，影响可可豆产量的重要因子果实系数（FI）和种子系数（SI）被分解出来，果实系数是生产一磅（即453.6克）干可可豆所需的果实数量（现在的国际标准是生产1千克干豆所需的果实数量），种子系数则代表干豆的平均重量，以100粒发酵干豆重量表示。后来，更多影响可可产量的因子被提出，以更准确的评估可可树的生产能力。果实能力（FV）是指每个果实产出种子数量以及去皮干豆平均粒重，优异的可可品种与果实能力呈现正相关。尽管果实能力使用较少，然而其综合了种子的数量和重量，能充分反映产量性状；另一因子是效率指数（EI），指产出1千克干豆所需要的果实重量，能反映出转化干物质的优越性。目前，在可可育种实践中，每果种子湿重和每株种子湿重仍是评价产量的常用因子。

20世纪60年代，巴西巴伊亚州由于可可种植园植株老化、荫蔽度过高、病虫害频发、土地肥力下降等问题，该区域可可豆产量为450千克/公顷，仅与世界平均产量持平。巴西可可计划执行委员会（CEPLAC）为提升可可种植园产量，资助其国内可可研究中心（CEPEC），通过十多年努力，到20世纪70年代末，可可豆产量提升到750千克/公顷，促使巴西制定高产抗病可可的遗传改良计划。巴西可可研究中心以收集鉴定筛选出的优异种质为基础，制定杂交方案，能有效地将优良基因型集中到某一杂交后代，优化了有利基因相互作用的叠加，并大规模生产杂交种子。因此，巴西可可种植园单产的提升，主要得益于杂种优势的应用。

世界范围内，可可主栽品种抗病虫害能力差，黑果病、鬼帚病和肿枝病频繁发生，其中黑果病危害最大，每年可致可可减产20%～30%；20世纪70年代西非地区可可种植园暴发黑果病，减产70%以上，并迅速蔓延至加纳、科特迪瓦一带。巴西CEPEC对收集的529份种质进行抗黑果病鉴定评价，筛选出EET45、TSA654、TSH1188、CEPEC40、UF36、TSH565、CEPEC541、PA300等抗病种质；从厄瓜多尔、秘鲁、巴西亚马孙可可遗传资源多样化区域筛选出PA、P、NA、EET、CJ、RB、MA、CA、TSA系列优良株系，再通过抗病筛选，选育出抗病品种PA30和PA150。1996年，哥斯达黎加国际热带农业研究和高等教育中心（CATIE）对世界范围内350个可可主栽品种进行抗黑

果病筛选，仅有36%的品种能够抗黑果病或中抗黑果病，抗性表现较好的品种有APA4、Catie1000、CC42、CC71、CC83、CC214、CC225、CC232、CC240、EET59、EET156、ICS44、ICS89、POUND7、BR41、TSH812、UF703等，CATIE通过杂交培育出CATIE-R1、CATIE-R2、CATIE-R3、CATIE-R4、CATIE-R5、CATIE-R6等高产抗病品种，其中CATIE-R6、CATIE-R4的产量分别高达1 800千克/公顷、2 070千克/公顷。

20世纪80年代开始，中国利用系统选育和人工杂交方法进行可可种质资源创制，结合植物学、农艺、品质等性状进行系统鉴定评价，初步筛选出具有高产、高脂等优良性状的育种材料35份。利用系统育种法，在海南万宁、保亭、琼海，云南西双版纳，广东湛江，福建厦门等地开展可可种质资源调查，经过鉴定评价，筛选出I-H-6、I-H-12、I-H-18等优异种质12份，其中I-H-6种质具有高产、耐寒等特点，单株干豆产量达2千克，是NC42/94、ICS60×Sca9等国际高产品种的1.2倍以上。经过品系比试验、区域试验和生产试验，I-H-6材料满足产量高、品质佳、耐寒性较强、适应范围广等选育目标。2015年，通过海南省第四届农作物品种审定委员会认定，命名为"热引4号可可"，为中国第一个具有自主知识产权的可可新品种，其产量、品质等品种优良性状指标具有国际先进性。

针对热引4号可可品种特性，配套研发可可种苗嫁接繁育技术和成龄树嫁接换种技术。其中，可可种苗嫁接繁育技术种苗合格率在92%以上，解决了原有技术繁育的可可种苗长势弱、不整齐、出圃率低、变异大等质量问题。同时，针对成龄园品种退化、产量减少、品质参差不齐等问题，研发出成龄树嫁接换种技术，为可可优良种苗标准化生产及成龄园退化品种的更新换种提供了可靠技术，为热引4号可可新品种推广和可可产业持续发展提供了技术支撑。

三、可可栽培生产技术

可可原产于亚马孙热带雨林下，正常生长发育需要一定的荫蔽度，多数可可生产国的种植户选择在经济林下种植可可。采用与荫蔽树间作模式种植可可，不仅可提高生物多样性、增强土壤碳固定、增加土地肥力和抗旱性，同时能控制杂草和病虫害。加纳、印度尼西亚和巴布亚新几内亚等世界可可主产国普遍采用椰子间作可可种植模式。由于对施肥等养分管理缺乏认知或投入减少等因素，目前许多非洲可可种植户对可可园管理粗放，甚至不施肥，导致20～30年甚至更短种植年限的可可园出现土壤矿质养分失衡、土壤退化、树体衰老、易受病虫危害。有研究表明，随着种植年限的增加，复合种植的可可园土壤有机碳（SOC）、磷（P）、钙（Ca）、镁（Mg）等养分含量显著提高，30年龄可可园SOC储量可达到森林碳储量的85%。印度开展了槟榔间作可可系统滴灌施肥技术研究，结果表明滴灌使产量提高了12%。

中国可可主要分布在海南、云南和台湾等地。海南现有椰林4.6万公顷，占中国椰子种植面积的95%。2015年，中国槟榔收获面积6.76万公顷（农业部发展南亚热带作物办公室统计），因此可可复合种植具有广阔的发展空间。中国于20世纪80年代开始研究椰子间作可可种植模式，通过对不同种植密度间综合经济效益的比较，结果表明，在椰园采用3.0米×3.0米的密度间种可可有利于经济效益提高，并起到节本增效的作用。近年来，在多项国家和省部级复合栽培项目资助下，重点开展槟榔、椰子等经济林与可可复合栽培种植密度、养分管理等关键技术研究，总结形成了成熟的椰子、槟榔间作可可生产技术。可可作为特色热带经济作物，因其适宜与椰子、槟榔等热带经济林复合栽培，同时可充分利用土地和自然资源，增加单位面积的经济效益，越来越受到农民的青睐。

四、可可病虫害

病害是影响可可生产的重要因素，保守估计全世界每年因病害造成的产量损失达20%，如2012年损失130万吨可可豆。可可主要病害有黑果病（Black pod）、丛枝病（Witche's broom）、可可肿枝病（Cacao swollen shoot）、霜霉病（Frosty pod）和条纹枯病（Vascular streak dieback）等，受地理环境影响，不同可可种植地区流行病害有所不同，如西非地区主要病害为可可肿枝病和黑果病，亚洲主要为条纹枯病等，中南美洲可可主要病害为霜霉病和鬼帚病。

危害可可的害虫超过1 500种，能造成较大经济损失的约占2%。目前国内外报道中危害可可较为严重的害虫有盲蝽类（Miridae）、可可豆荚螟（*Conopomorpha cramerella*）、小蠹虫（*Xyleborus* spp.）以及蚜虫等其他害虫。不同国家和地区主要害虫有所不同，如可可褐盲蝽可造成25%～30%的损失，可可豆荚螟可造成17%的损失，而中国的主要害虫是茶角盲蝽和小蠹虫两类。

五、可可加工技术

可可果实成熟后即可采收，采收时须小心地用钩形锋利刀或修枝剪从果柄处割（剪）断，可可果在采收后可存放2～7天。果实打开后，生可可豆表面包裹着一层果肉，称为湿豆，生果仁不具有任何味道、香气，尝起来也没有任何可可产品的味道，可可豆的巧克力风味是在发酵与焙炒这两个步骤中通过微生物的共同作用以及烘焙中发生的美拉德反应形成的。因此，可可豆在二次加工之前需经过发酵与焙炒。可可豆发酵的过程比较简单，通常将大量的湿豆堆放在一起或集中在木箱中进行发酵。发酵时间4～7天不等，主要影响因素包括品种、发酵方式、发酵温度和湿度等，隔天需要进行搅拌。发酵可促使可可豆外围的果肉脱落，以液体形式流出，但更重要的是在发酵过程中产生的一系列必要的生化反应。发酵后可可豆的水分含量约为55%，为了储存和运输，必须将水分降至8%以下，为此发酵后应立即干燥。目前大多数可可生产国采用最简单且最盛行的方法是日晒干燥。该方法是直接将发酵的可可豆晾晒在太阳下，豆的厚度3～5厘米，一般7～8天即可完成可可豆的干燥。在阳光充足的传统可可产区，干燥出来的豆品质都很好。在西非是将发酵豆铺在地面上或薄席上晾晒，定时翻动，再继续晾晒；在西印度群岛和南美洲是直接将发酵豆摊在木制地板上干燥；而在特立尼达和多巴哥、巴西则是在可移动的屋顶上晒豆，若遇阴雨天气则可采用热空气传导、辐射加热和干燥机烘干等方式。与传统方式干燥的农户相比，使用太阳能干燥机干燥的农户收入可增加38.7%。经过发酵和干燥后的商品豆被售运至各可可制品生产国，烘炒破碎后使用风选机去除外层豆壳，留下可可豆仁。豆仁通常用碳酸钾进行碱化，以形成风味和颜色，最后研磨形成可可液块。可再将可可液块压榨提取可可脂，剩下部分为可可饼，可可饼再经粉碎制成可可粉。

香饮所通过多年系统研究，开展了可可加工技术研究，攻克产地初加工和高值化加工关键技术，建立了可可初加工生产线、产品中试生产线，以及质量安全控制可追溯体系，为产品标准化、规模化生产提供了技术支撑。先后研发了低温干燥与烘烤生香、科学赋香与固相、超细精磨、风味强化、风味产品配制等技术，解决了可可产品营养与风味高值利用关键技术难题，突破了风味稳定性和协调性差的难题，使产品风味和质构得到了明显改善。开发可可系列产品10种，其中获授权国家发明专利权6项，建立了可可初加工及系列产品中试生产线4条，以及产品质量控制与安全可追溯体系，制定了加工技术操作规程2套和技术质量标准3项，为可可系列产品加工规范化和质量稳定化提供成熟配套的技术支撑。实现了可可初加工技术研发→可可豆加工技术改进→原料营养与风味分析→加工关键技术研究→系列产品研发→中试与示范生产线的建立→产品品质控制与产品标准的制定→品牌创建与市场开拓→可可等香料饮料示范基地推广建设等一系列技术体系。

Chapter 2
第二章　可可生物学特性

可可树为乔木，高度因品种与环境而异，一般高达4～7.5米，其主要分枝距离地面50～150厘米，冠幅6～8米，树干直径达30～40厘米。经济寿命期视土壤与抚育管理的不同而有差别，管理好的可可树经济寿命可达50年左右。在常规栽培条件下，植后2.5～3年结果，6～7年进入盛产期。

第一节　形态特征

一、根

可可的根为圆锥根系，初生根为白色，以后变成紫褐色。苗期主根发达，侧根较少。成龄树侧根深度在35～70厘米，在50厘米土层处分布最多，须根位于浅表土层，侧根伸展的水平范围为3～5米。

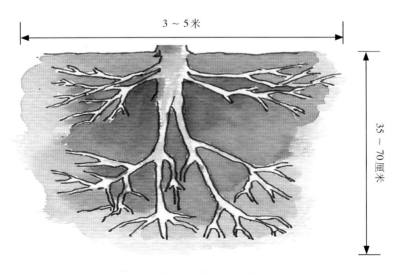

图2-1　成龄可可树根系示意

二、主干与分枝

可可树皮厚，灰褐色，木质轻，没有年轮。可可实生树定植后第二年，主干长出8～10蓬叶、高度达50～150厘米，分出3～5条轮状斜生分枝，形成扇形枝条，依靠主枝上抽生直生枝来增加树体高度。主干上分出扇形枝的位置叫分枝部位。分枝部位高度取决于光照、土壤肥力等自然条件以及植株的树龄。主干有抽生直生枝的能力，直生枝具有主干一样的生长特点，直生枝如在主干基部抽生，可形成多干树型，如在上部抽生可形成多层树型。理论上，在没有外界干扰的自然条件下，可可树体的高度没有限制，主干上的扇形枝对称发育，形成轮状树冠；当树冠上的枝条发育密实后，下部的枝条会自然凋落，可形成高达10米以上的主干。

1.直生枝

包括实生树主干和直生枝。直生枝上生出的斜生分枝，与直生枝的角度变化范围为90°～180°。枝条上叶片呈螺旋状排列，生长高度有限，长到一定高度便分枝长出扇形枝。直生枝与扇形枝条垂直生长，主要作用是增加树冠高度。

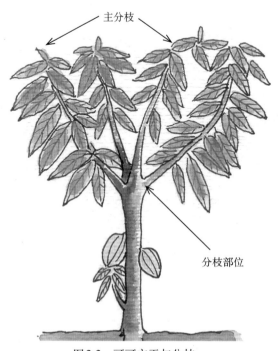

图2-2　可可主干与分枝

2.扇形枝

包括从主干或直生枝上长出的主枝，以及从主枝上长出的各级侧枝。扇形枝叶片排成两列，枝条生长是无限的。扇形主分枝也是主要的结果枝。

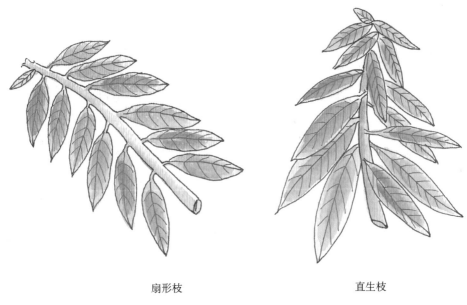

扇形枝 　　　　　　　　　　　　　直生枝

图2-3　扇形枝与直生枝

直生枝与扇形枝虽然在形态上有差异，但均能开花结实。可可枝条的每个叶腋间都有休眠芽，当顶芽生长受到抑制或遭损伤时，就会促使休眠芽萌发。

三、叶

可可叶片呈蓬次抽生，顶芽每萌动一次，便抽出一蓬叶。在主干或直生枝上着生叶片的叶式是3/8螺旋状；在扇形枝上抽生的叶片排列在两侧，叶式是1/2。嫩叶较柔软，自叶柄处下垂。成熟的叶片呈暗绿色，全缘，叶面革质，长18 ～ 35厘米，最长可达50厘米，宽9 ～ 17厘米，长椭圆形，叶柄两端有明显结节。光照过强时，叶片可自行调节倾斜度，以减少光照和蒸发量。可可叶片在枝条上可保持5 ～ 6个月，有的长达1年。

嫩叶颜色是不同品种或品系间最明显的差异性状之一，呈现浅绿色、浅褐色、粉红色或紫红色等表型。浅绿色嫩叶表型在亚马孙地区的可可类群中最

图2-4 可可叶片结构

为常见，在克里奥罗类群中也偶有发现。红色嫩叶是由于组织生成的花青素显色所致，通常与红色果实相关联；当植株携带纯合的等位基因时，叶片红色表现会越加强烈。

成熟叶片多为椭圆形，也有卵圆形或倒卵形表型；大部分叶片的叶缘为全缘型，也存在部分锯齿型叶缘。果实颜色不仅与嫩叶颜色相关，还与叶柄叶腋（称为腋斑）的显色存在关联性；果实呈绿色的可可植株，其叶柄位置通常呈浅色。因此，在植株幼龄期，可通过叶柄的颜色来判别果实颜色。

四、花与授粉

1.花

可可花着生于主干或分枝节上腋芽位置，也称为果枕。一般地，主干上的叶片脱落后，腋芽转变成花芽，也有花芽出现在未脱落的叶腋位置。可可花为聚伞花序，花序的基部隐藏于树皮之下，能连续产生大量的花蕾；有时花序也可能被挤出到树皮表面，可以观察到变态的枝条结构以及退化的叶片和托叶。可可常年开花，但开花时间和数量受气候和挂果量影响。

果枕

图2-5 可可花序在树干上生长状态

　　可可花整齐、两性，由5枚萼片和5枚花瓣构成。花瓣呈现淡黄色，镊合状排列，基部狭小，上部扩展成杯状，尖端较宽呈匙状或舌状，有5个长而尖的假雄蕊和5枚正常雄蕊。雄蕊正对着花瓣向下弯曲，花药被杯状花瓣包裹，假雄蕊直立，形成一围绕雌蕊的围篱，子房上位5室，胚珠围绕子房中轴排列，柱头5裂，常粘连在一起。

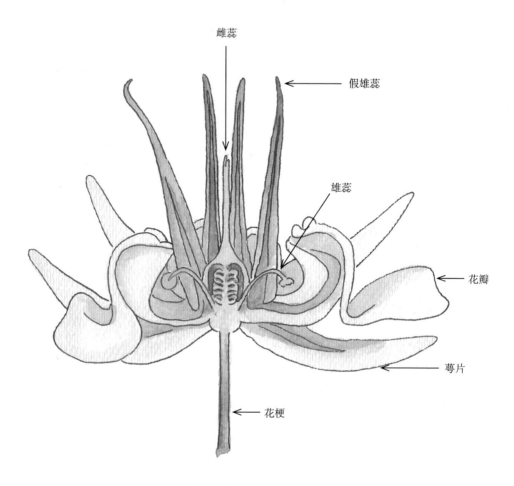

图2-6　可可花解剖结构

2.传粉媒介

可可花为虫媒花，依靠蠓蚊、果蝇、蚂蚁等昆虫为其传粉，其中蠓蚊是可可花的主要传粉媒介。蠓蚊是双翅目蠓科全变态昆虫，生活史分卵、幼虫、蛹、成虫四个时期。成虫体大小1～4毫米，呈黑色或褐色，常滋生在水塘、沼泽、树洞、石穴的积水及荫蔽的潮湿土壤，寿命约1个月，以幼虫或卵越冬。

蠓蚊

图2-7　可可花与蠓蚊

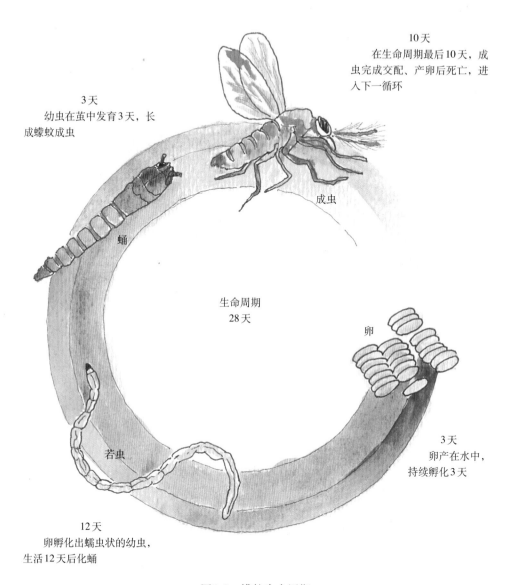

10天
在生命周期最后10天，成虫完成交配、产卵后死亡，进入下一循环

3天
幼虫在茧中发育3天，长成蠓蚊成虫

成虫

蛹

生命周期
28天

卵

3天
卵产在水中，持续孵化3天

若虫

12天
卵孵化出蠕虫状的幼虫，生活12天后化蛹

图2-8　蠓蚊生命周期

3.授粉类型

可可为常异花授粉植物，雌蕊可以接受自身花朵的花粉、同一植株不同花朵的花粉或不同植株花朵的花粉进行受精。可可异花授粉所需的受精时间比自花授粉短，更容易成功结果。

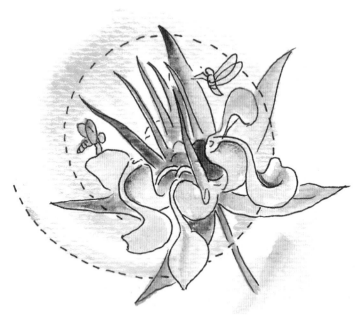

图2-9　自花授粉

图2-10　同株异花授粉

图2-11　异株异花授粉

五、果实与种子

可可花授粉后，子房发育成果实；可可种子发育过程独特，受精后的合子分裂几次后进入休眠期，大约休眠50天以后再恢复正常的发育过程。

可可果实为荚果，也称为不开裂的核果，其形状和色泽均因种类不同而异。果实形状变化较大，从扁圆形（果实长度小于宽度）到狭窄的细长形（果实长宽比大于3）均有分布；中间形态有球形、近圆形、椭圆形、倒卵形、纺锤形等，但大体上是蒂端大，先端小，状似短形苦瓜。果皮分为外果皮、中果皮和内果皮。外果皮有10条纵沟，表面有的光滑，有的呈瘿瘤状。未成熟果实颜色有青白色、绿色、墨绿色、红绿色、红色、深红色、紫色等；成熟果实颜色呈现橙黄色或黄色，果实不会自然脱落。果壳为木质，不同品种的果壳厚度差异较大，种子呈5列纵向排列，有30～50粒，每粒种子均被果肉包围。

可可种子习惯被称为可可豆，有饱满和扁平两种类型，发芽孔一端稍大，种皮内有2片皱褶的子叶，子叶中间夹有胚。子叶色泽视品种而异，有白色、粉红色、紫色、深紫色等。可可干种子粒重变化范围较大，从0.5克到2.0克均有分布。可可种子为玩拗性种子，没有休眠期，暴露在潮湿环境便会发芽。

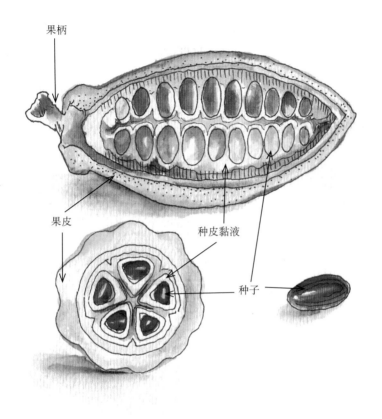

果柄

果皮

种皮黏液

种子

图2-12　可可果实切面与种子

第二节　开花结果习性

一、开花习性

可可终年开花，在海南每年5～11月开花多（约占全年开花总数94%），1～3月开花少（仅占全年开花总数6%），可可的开花高峰期在6～9月。

可可虽为昆虫传粉植物，但花不具香味，也没有吸引昆虫的蜜腺。此外，雄蕊隐藏在花瓣中，而假雄蕊围绕柱头，妨碍传粉，有些可可树花粉量较少，甚至没有花粉，且花粉粒的生命力仅能维持12小时，所以可可花的构造不利于正常传粉和受精，导致可可稔实率偏低，平均稔实率仅为2.1%。

二、结果习性

在正常管理条件下，3年树龄可可树就能开花结果（管理良好的可可园，植后2～2.5年会有部分植株开花结果），5年树龄开始大量结果。在海南岛，可可有两个主要果实成熟期，第一期在每年2～4月，这时采收的果实称为春果，春果量多，约占全年果实总量80%；第二期是每年9～11月，称为秋果，量不多，约占全年果实总量10%。

可可开花结果多在主干及多年生主枝上，子房受精后膨大，果实生长迅速，在受精后的2～3个月尤其迅速，4～5个月果实定型。从受精到成熟，需5～6个月。在海南，秋果发育期温度较高，只需140天就能成熟，而春果因发育期温度较低，需170天左右才能成熟。

可可的干果率较高，据香饮所的观察，平均干果率为76.2%。干果的原因主要是营养生长与生殖生长的不平衡。此外，有一部分果实是因病虫害、干旱或强风等影响而成为干果。同时发现，稔实后60～70天，果横径3～4厘米时的果实干果比例最高，占全年干果总数的88%。干果现象与果实膨大速度和挂果量呈正相关，即果实生长发育最快的时期也是干果出现最多的时候。可见，果实发育养分竞争是造成干果的一个原因。

可可开花结实和枝梢生长相一致，新梢萌动生长期也是可可开花结实期。但当新梢叶片处在转绿期，开花结实率急速下降并出现大量干果。由于新梢生长而引起大量干果的现象十分明显，即使同一株树，不同的枝条，由于新梢生长情况不同而导致干果率不同，抽梢多的枝条干果多，抽梢少的枝条干果少。

人工控制新梢减少干果试验，结果表明，新梢生长发育状态是引起干果的另一个重要原因，新梢转绿以前摘梢可减少干果。摘梢强度不同，效果也不同：摘心留1片叶可以减少干果，摘心留2片叶不能减少干果，新梢全摘效果最好。

第三节　对环境条件的要求

可可是一种典型的热带雨林下的多年生常绿植物，生长区域仅限于热带、亚热带地区，在南纬20°至北纬20°的范围以内。生长条件受各种环境因素支配与制约，其中主要影响因素有地形、土壤条件和气候条件等。选择种植地时，温度是首先要考虑的因素，此外对生产优质可可，海拔与坡向选择，适合的光照、温度、湿度等小气候环境非常重要。种植地的规划为可可园管理、产品初加工等生产环节打下良好基础。

一、地形

海拔高低影响气温、湿度和光照强度。可可主产区一般分布在热带高温潮湿的近海地区，低海拔地区是可可最理想的种植区域。受地形影响，海拔越高，日平均温度越低，海拔每升高100米，温度就降低0.6℃。世界大部分可可主产地都在海拔300米以下，海拔超过600米的地区可可也可以生长和结果，但产量和品质有所下降。

二、土壤

可可对土壤要求不严格，但是抗旱性较差。理想的土壤条件是土层深厚疏松、有机质丰富、排水和通气性能良好、根系生长不受阻碍的弱酸性土壤。在原产地和非洲，可可常分布在距海5～300千米地区、河谷两边。在海南，选择丘陵地区红壤地、黄土地或沙壤地种植较适合。

土壤酸碱度一定程度会影响土壤养分间的平衡。可可适宜pH 6.0～6.5，相对弱酸性。如果种植区的土壤pH在6以下（即酸性土），则需要在土壤中施加生石灰，中和土壤酸度。海南岛土壤多为弱酸性，一般定植时每公顷可撒施750千克左右生石灰。

三、温度

可可适宜的月平均温度为22.4～26.7℃，月均温18.8～27.7℃可正常生长。可可能够生长的下限温度为最低月平均温度15℃和绝对最低温度10℃。

温度对枝梢的萌动和生长有明显的影响。据香饮所在兴隆地区观测温度与可可新梢生长的关系结果表明：平均温度在20℃以上，新梢生长迅速；低于20℃，生长速度减慢；低于15℃，生长完全停止。

温度过高对可可生长也不利。6～7月是全年抽梢量最少的时期，在此期间的平均气温超过28℃，尤其是在无荫蔽的条件下，阳光直射，温度高，叶片或枝条往往出现日烧、叶黄、节间密等现象，不利于可可生长。

温度对花芽形成和坐果也有影响。果实收获前5个月的平均温度，是决定可可花芽形成和坐果的主要因素。当温度超过25.5℃时，花芽正常形成。在主花期，日平均温度不宜低于22℃，否则就妨碍可可花芽的正常形成。据香饮

所研究表明，当温度降到9℃时，花蕾的干枯率增加；在日均温超过28℃的旱季，可可花朵的凋谢速度也会升高。

温度还影响果实的生长发育。在温度较低的季节和地区，可可果实需要更长的时间才能成熟。另外，温度直接影响主干、枝条和树皮形成层的生长。

四、降水量与湿度

在大多数可可主产区，年降水量一般为1 400 ～ 2 000毫米，相对湿度60% ～ 80%。据加纳可可研究所对可可降水量的试验表明，1 100毫米的年降水量是不需要灌溉就能种植可可的最低降水量；在年降水量高达3 200毫米的种植区，只要土壤排水良好，可可也能正常生长，但由于土壤冲刷和种植园的湿度过高，容易发生真菌病害。

海南各可可植区降水量一般在1 500毫米以上，但降水量分布不均匀，有明显的干旱期。要在良好的抚育管理下，可可才能正常的开花结果。

降水量对新梢的生长影响不显著，但对主干的增粗却有很大的影响，6月雨季开始后茎干增粗明显，9月为全年降水量最多的月份，茎干增粗速度最快，5月无雨，茎干增粗速度较慢。

表2-1　可可周年茎粗增长情况

月份	1	2	3	4	5	6
降水量（毫米）	13.2	19.1	85.2	33.9	10.8	91.9
茎粗增加量（毫米）	0.4	0.3	1	1.3	1	2.1
月份	7	8	9	10	11	12
降水量（毫米）	218.6	337.3	389.3	197.7	68.4	70.8
茎粗增加量（毫米）	1.3	2	3.2	1.5	2.7	0.7

五、光照与荫蔽度

可可是喜阴植物，不适于阳光直射，尤其在苗期及幼龄期。在高温、干燥季节，可可幼龄植株处于阳光直射环境下，温度过高，土壤干燥，空气湿度小，蒸发量大，不仅会抑制可可的生长，还会引起严重的灼伤，导致枝条甚至植株凋萎。但如果过于荫蔽，光照不足，也会影响可可的开花结果。

（一）幼龄可可

幼龄可可必须有荫蔽，荫蔽不仅减弱阳光直射，而且减缓幼树周围的空气流动，有助于避免植物缺水。此外，良好的荫蔽还可避免强光对土壤腐殖质层的暴晒和雨水对土壤的淋溶，同时，荫蔽树的枯枝落叶，可以补充土壤有机质。据香饮所对幼龄可可在不同荫蔽度条件下的试验结果表明，适于幼龄可可树生长的荫蔽度为50%～60%。

（二）成龄可可

过了四年的幼龄阶段以后，可可树冠充分发育，能形成自身荫蔽，并随着树龄的增加自我荫蔽的程度也增加，因此，适当减少成龄可可树的荫蔽，可提高产量。据香饮所试验研究表明，对成龄可可园的荫蔽树进行疏伐，控制荫蔽度至30%～40%，可提高产量。但疏伐荫蔽树后，可可园需增施肥料，才能使可可树持续高产。

六、风

可可叶片宽阔，枝条柔软，树冠扩展，易受风害。风害的主要影响是使可可树叶片机械损伤和失水过多，导致落叶或提前落叶。据香饮所试验研究表明，当风速达10米/秒时，个别植株分枝折断，叶片破裂，结节处反转扭折，甚至断落。在常风较大的环境下，树冠经常摇摆，叶片互相摩擦，导致嫩叶破裂，影响光合作用；当风面树冠生长较差，致使树冠不平衡。强风还会引起落花落果。因此，应建立一套适用的矮化栽培措施。种植园建立时需考虑布设防风林带。每年7～10月为海南台风较为密集的时期，在此期间应及时关注台风动态，快速剪除过密枝条，并适当矮化植株，缩小冠幅，降低风害。

Chapter 3

第三章　可可分类及主要品种资源

第一节　分　类

可可为梧桐科可可属常绿乔木。可可属包含22种，其中仅可可（*Theobroma cacao*）、大花可可（*Theobroma grandiflorum*）和双色可可（*Theobroma bicolor*）被驯化为栽培物种，目前栽培最广的是可可。可可在传统上依据地理起源和形态特征分成克里奥罗可可（Criollo）、福拉斯特洛可可（Forastero）、特立尼达可可（Trinitario）三大类群。

一、可可属及其重要种

可可属有22种，分成6个组。Andropetalum组：乳可可（*T. mammosum*）；Glossopetalum组：狭叶可可（*T. angustifolium*），卡努曼可可（*T. canumanense*），巧克力可可（*T. chocoense*），*T. cirmolinae*，大花可可（*T. grandiflorum*），粉果可可（*T. hylaeum*），林地可可（*T. nemorale*），倒卵可可（*T. obovatum*），猴头可可（*T. simiarum*），波叶可可（*T. sinuosum*），托叶可可（*T. stipulatum*），灰白可可（*T. subincanum*）；Oreanthes组：*T. bernoullii*，灰绿可可（*T. glaucum*），美丽可可（*T. speciosum*），藤可可（*T. sylvestre*），绒毛可可（*T. velutinum*）；Rhytidocarpus组：双色可可（*T. bicolor*）；Telmatocarpus组：*T. gileri*，小果可可（*T. microcarpum*）；Theobroma组：可可（*T. cacao*）。除Andropetalum组外，其余5个组均分布在巴西，其中卡努曼可可（*T. canumanense*）、大花可可（*T. grandiflorum*）、倒卵可可（*T. obovatum*）、灰白可可（*T. subincanum*）、美丽可可（*T. speciosum*）、藤可可（*T. sylvestre*）、小果可可（*T. microcarpum*）、双色可可（*T. bicolor*）、灰绿可可（*T. glaucum*）仅分布在亚马孙地区。

目前，除可可之外，只有大花可可和双色可可被驯化种植。

（一）大花可可

大花可可又称古布阿苏（cupuassu），原产于南美洲的巴西亚马孙雨林地区。大花可可是典型的热带树种，在原产地自然状态下树高可达20米，胸径可达45厘米，人工驯化的植株高度为6～8米，冠幅7米左右，定植后3～4年开花结果，果重0.5～1.5千克。果肉含有丰富的果胶多糖、膳食纤维和氨基酸，具有独特的风味和酸性口感，用于制作果汁、冰淇淋、果酱、糖果等。种子可以制备类似于可可粉、可可脂的产品，提取的脂肪可用于制造护肤霜。大花可可冰淇淋和果汁已经在美国上市，护肤霜也能在英国市场见到。大花可可被认为是亚马孙地区收益最高的作物之一，非常适合农林生态种植和经济林下复合种植。据估计，亚马孙地区种植面积至少有1.6万公顷（不计算野生收获面积），仅巴西帕拉州和朗多尼亚州种植面积就有6 000多公顷。

图3-1　大花可可植株

图3-2 大花可可的花

图3-3 大花可可的果实

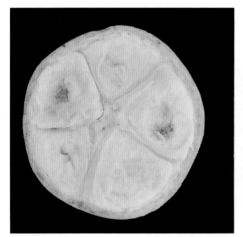

图3-4 大花可可的果实横切面

图3-5 大花可可的种子

（二）双色可可

双色可可，常绿乔木，自然状态高25～30米，叶片长椭圆形或椭圆形，花序生于叶腋，核果椭圆形或卵球形，长10～25厘米，直径9～15厘米，成熟果实黄色或黄棕色，果皮木质化，表面纵向网纹凹槽明显，果重0.3～0.8千克。主要在巴西内格罗河沿岸、秘鲁伊基托斯及周边地区种植，当地居民用于替代大花可可生产果汁。

图3-6　双色可可植株

图3-7　双色可可的花

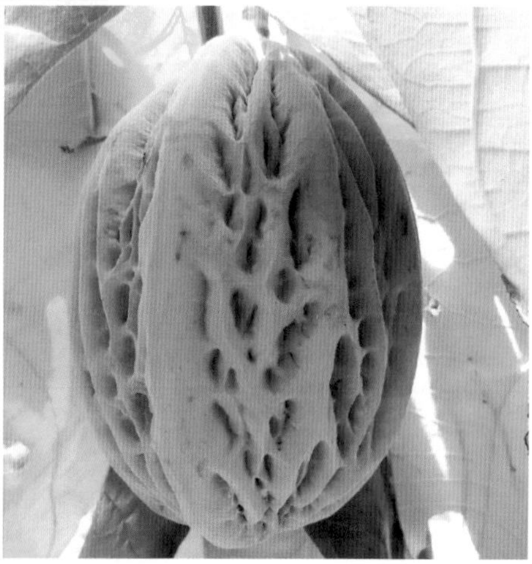

图3-8　双色可可的果实

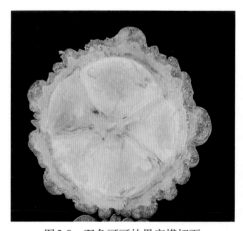

图3-9　双色可可的果实横切面

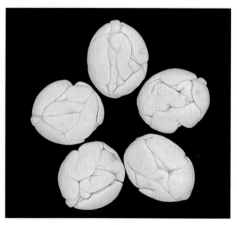

图3-10　双色可可的种子

二、可可的三大类群

1.克里奥罗（Criollo）

克里奥罗可可，即薄皮种，有南美克里奥罗种和中美克里奥罗种。克里奥罗可可果实偏长，果壳较软，表面粗糙，沟脊明显，尖端突出，果实成熟时呈红色或黄色；种子饱满，子叶呈白色或淡紫色，易于发酵，富含独特的芳香成分。然而，这类可可易感病，产量低，主要分布于墨西哥、委内瑞拉、尼加拉瓜、哥伦比亚、厄瓜多尔、秘鲁，种植面积仅占世界可可总种植面积的5%左右。这类可可主要品种类型有Angoleta、Cundeamor、Pentagona等。

克里奥罗（Criollo）原始含义为"本地"，一般情况下被用于描述可可遗传类群；在一些情况下也可指代可可品种，1757年为区别于来自亚马孙盆地的可可品种，特立尼达岛种植者将来自委内瑞拉北部的栽培品种称为克里奥罗品种；此外，在中南美洲也习惯性地将栽培的古老品种或经典品种称为克里奥罗品种。

2.福拉斯特洛（Forastero）

福拉斯特洛可可，即厚皮种。这类可可的果实短圆，表面光滑，果实成熟时呈黄色或橙色；种子扁平，子叶呈紫色，发酵较困难，品质次于克里奥罗。这类可可植株强壮，抗性强，产量高，广泛分布于拉丁美洲、非洲，种植面积占世界可可总种植面积的80%左右。这类可可主要品种类型有Amelonado、Calabacillo等。

福拉斯特洛（Forastero）原始含义是"外来"或"来自森林"，作为栽培品种最早在1757年由亚马孙盆地引入特立尼达岛，其果实形状类似小葫芦。可可在特立尼达岛和加勒比地区大规模种植时期，福拉斯特洛用于表述除克里奥罗之外的可可品种类群，由此福拉斯特洛成为源自亚马孙盆地可可品种的总称。

3.特立尼达（Trinitario）

特立尼达可可，即杂交种，由克里奥罗和福拉斯特洛杂交而来，果实和种子表型介于二者之间。特立尼达可可产量较高，略低于福拉斯特洛可可；可可豆品质近似于克里奥罗可可，富含独特的芳香成分。目前，分布于世界各可可种植区，种植面积占世界可可总种植面积的10%～15%。

第二节　资源鉴定评价

一、可可种质资源多样性

1.形态特征的遗传多样性

可可属于常异花授粉植物，自然状态下遗传多样性非常丰富。目前香饮所收集保存有500多份可可种质资源，叶片形状、花苞颜色、果实形状、果实颜色、籽粒形状等均表现出较丰富的多样性。

图3-11　可可果实颜色与形状多样性

基于香饮所收集保存的可可种质资源的果实表型进行聚类分析，大部分形态性状分布较为分散，仅少数性状表现出两两完全相关或关系密切。其中，子房长宽比与果实长宽比、果实重量与果壳重量相关系数分别为 $r=0.94$ 和 $r=0.96$，相关性最强，叶片宽度与果实重量（$r=0.90$）、果实长度和果实长宽比（$r = 0.80$）、果实长度与果壳重量（$r = 0.74$）、果实重量与单果籽粒重（$r = 0.71$）等相关系数也较大。利用果壳皱纹、果壳沟深、果实长度、籽粒长宽比等性状表型，可将保存的种质分成3大类。类群A以果壳皱纹>5级、果壳沟深>5级、果壳硬度5～7级、果实平均长195毫米、籽粒长宽比平均为1.99为主要共有特征；类群B以果壳皱纹<3级、果壳沟深0～3级、果壳硬度3～5级、果实平均长150毫米、籽粒长宽比平均为1.73为主要共有特征；类群C属于类群A和类群B的中间类别，果壳皱纹3～5级、果壳沟深3～5级、果实平均长165毫米、籽粒长宽比平均为1.79为主要共有特征。综上所述，类群A具有果实偏长、表面粗糙、沟脊明显、尖端突出等特点，具有可可传统分类中Criollo类群的特点；类群B具有果实短圆、表面光滑等特点，具有可可传统分类中Forastero类群的特点；类群C果实长、果壳表皮粗糙度、沟脊深浅等性状介于类群A和类群B之间，具有可可传统分类中Trinitario类群的特点。结果表明，中国收集保存的可可种质资源符合传统3大遗传类群的分类属性，形态性状变异较大，遗传多样性丰富。

2. 果实色泽的遗传多样性

果实色泽是可可植物学分类、新品种培育与种质资源创新利用的重要性状，同时也是育种工作中较难区分的性状。为解决可可果实色泽性状分类鉴定不清的问题，利用图像数字化描述方法，可将可可种质果实色泽笼统地描述为绿色和红色。采用UPGMA聚类法可将种质材料分成2大类，A类种质为绿色类，B类种质为红色类，区分结果符合可可果实色泽的自然分类属性。其中绿色是果实的基础色，红色是渐变的渲染色，形成了丰富的9组色泽，表现出从墨绿色到深紫色变化。可可果实色泽数字化信息的应用，能够全面反映不同可可种质果实色泽的差异，便于图像信息的存储与输出，体现了色彩界定方法高度的一致性、可移植性和可还原性，为可可果实色泽描述提供了一种科学、便捷、规范的技术方法。

二、可可主要性状鉴定评价

1. 植物学性状鉴定

可可种质资源叶片变异丰富，叶片形状有卵形、倒卵形、椭圆形、披针形和长椭圆形等，其中倒卵形和椭圆形居多，分别占种质数量的36%和35%，其次为披针形、长椭圆形和卵形。叶尖形状有锐尖形、渐尖形和尾状形，分别占种质数量的5.51%、78.87%和23.62%。不同可可种质资源叶片长度的变化

较大，值域范围为18.30～34.50厘米，平均果实长度为（27.26±0.34）厘米。以25.00～29.00厘米的种质最多，所占比例达49.06%，其次为29.00～33.00厘米和21.00～25.00厘米长度的种质，分别为23.58%和12.26%。叶片平均宽度为（13.37±0.17）厘米，变化范围为8.90～16.80厘米。整体而言，叶片宽度评价分级11.50～13.50厘米中等宽度所占种质数量比例最多，达39.00%，其次为13.50～15.50厘米和超过15.5厘米宽度的种质，分别为35.00%和14.00%。

可可种质资源花表型变异丰富，花苞颜色有白色、绿色、浅红色、红色、深红色等类型，其中浅红色居多，占种质数量的29.51%，其他4类所占比例相当。不同可可种质资源雄蕊长度的变化较大，值域范围为2.45～8.66毫米，平均雄蕊长度为（6.35±0.07）毫米。以5.75～6.75毫米雄蕊长度的种质最多，所占比例达56.25%；其次为6.75～7.75毫米雄蕊长度的种质，所占比例为25.69%。柱头平均长度为（2.41±0.03）毫米，变化范围为1.61～3.06毫米。柱头长度评价分级为2.10～2.50毫米和2.50～2.90毫米中等长度所占种质数量比例最多，分别达40.57%和38.68%；其次为1.70～2.10毫米长度的种质，所占比例为10.38%。子房长宽比为1.22±0.02，变化范围为0.65～1.77。其中，子房长宽比0.95～1.15的种质最多，所占比例为43.93%；其次为1.15～1.35和1.35～1.55的种质，分别为28.04%和20.56%。

可可果实性状类型多样。果实形状有圆形、卵圆形、椭圆形、长椭圆形和倒卵形等，其中椭圆形为最主要类型，占种质数量的63.21%，其他形状均较少。果实颜色分未成熟果实颜色和成熟果实颜色，一般情况下成熟果实颜色为黄色或橙黄色。可可种质资源未成熟果实颜色丰富多样，其中墨绿色占31.40%，其次为紫红色和灰绿色，青白色为特异种质。果实顶端类型有圆形、钝圆形、锐尖形、乳突形、渐尖形、钝尖形和腰形7种，锐尖形、腰形和钝圆形居多，所占比例分别为28.30%、19.81%和18.86%。果实基部受限制类型有没有限制、受限较小、中间型和受限较大等4种，以受限较小居多，所占比例达68.87%。

可可籽粒形状有长椭圆形、椭圆形和卵形3种，种质资源所占比例接近相同，分别为33.89%、30.51%和35.59%。可可籽粒颜色也较为丰富，有白色、奶油色、粉红色、深红色、深紫色等5种，以深紫色种质数量为主，所占比例达70.75%。

不同可可种质资源果长变化较大，值域范围为106.00～240.10毫米，平均果长为（167.93±1.57）毫米。以160～190毫米的种质最多，所占比例达45.49%；介于130～160毫米和190～220毫米的种质数量次之，分别占33.91%和14.16%；超过220毫米的种质有5份。平均果宽为（83.49±0.57）毫米，变化范围为52.65～109.62毫米。整体而言，果宽评价分级80～90毫米中等宽度所占种质数量最多，比例达42.06%；其次为70～80毫米和90～100毫米宽度的种质，分别为32.62%和18.45%；超过100毫米宽度的种质有7份。果实主沟变化范围为5.53～16.32毫米，平均为（9.59±0.22）毫米，以果实主沟6.5～8.5毫米浅沟级的种质最多，所占比例达33.96%；其次为8.5～10.5毫米和10.5～12.5毫米，分别占29.25%和25.93%。此外，果壳平均重量为（309.33±10.47）克，变化范围为130.80～706.53克。以225～325克的种质数量居多，所占比例达39.62%；果壳极轻的种质所占比例达22.64%；而果壳极重的种质仅占4.72%。

2.农艺性状鉴定

根据可可种质资源描述规范、数据标准和数据质量控制规范，对农艺性状进行采集和评价，主要有果重、果长、果宽、果壳重、果实主沟、每果粒数、单粒重、单粒厚、果实经济系数等性状指标。其中，果实经济系数＝（单果籽粒干重/果重）×100%。

不同可可种质的每果粒数变化较大，变幅为8～55粒，平均值为（34.99±0.48）粒。介于30～40粒的种质最多，占总份数的52.80%；每果粒数40～50粒和20～30粒的种质数量次之，分别占22.75%和18.88%，超过50粒的种质有3份，最高达55粒。果重的变化范围为162.21～1235.00克，平均值为（512.30±10.52）克，果重介于450～650克中等级别的种质占总份数的44.21%；果重介于250～450克和650～850克的种质数量次之，所占比例分别为36.48%和14.16%；果重超过850克的种质有7份；果重最高达1235.00克。单粒重的变化范围为0.55～1.84克，平均值为（1.10±0.17）克。其中以0.85～1.15克中等水平的种质最多，所占比例达56.65%；介于1.15～1.45克的种质数量次之，占30.47%；单粒重超过1.45克的种质占7.72%。单果潜在库容变化范围为24.32～144.95毫升，平均值为（76.29±1.48）毫升，其中以45～75毫升的种质最多，所占种质数量比例达42.49%，介于75～105毫升的种质数量次之，所占种质数量比例达40.34%。

可可种子产量是一个复杂的农艺性状，构成产量的因子之间相互关联、相互影响。可可果实经济系数为1.76% ~ 10.89%，具有经济价值的种子仅占果实重量的较小部分。单果种子干重与果实性状（果重、果壳重、果长、果宽）呈极显著正相关（$r = 0.31 \sim 0.63$, $P<0.01$），与种子性状（每果粒数、单粒长、单粒宽、单粒重）也呈极显著正相关（$r = 0.46 \sim 0.70$, $P<0.01$），单粒重除了与果壳厚不具相关性外，与其他果实性状都呈显著正相关（$r = 0.23 \sim 0.50$, $P<0.05$），而除了与每果粒数呈显著负相关（$r = -0.26$）外，与其他种子性状都呈极显著正相关（$r = 0.65 \sim 0.73$, $P<0.01$）；果实经济系数与所有的果实性状均呈极显著负相关（$P<0.01$），仅与每果粒数、单粒宽、单粒重呈极显著正相关（$r = 0.31 \sim 0.39$, $P<0.01$）。每果种子干重，与其余11个性状的相关系数均为正值，说明果实和种子越大，单果的种子产量就会越高。果重与除果实经济系数之外的10个性状的相关系数均为正，表明果实越重，这10个性状就表现得越好，并促进单果种子产量的提高；然而果重与果实经济系数呈极显著负相关，表明在果实增大的同时，越来越多的光合产物滞留在果壳中，并不能有效增加种子产量。因此，育种过程中对果重的选择要适度，果重太大反而会导致总产量降低。

表3-1　可可果实种子农艺性状间的相关系数

性状代号	x1	x2	x3	x4	x5	x6	x7	x8	x9	x10	x11	x12
x1	1											
x2	0.95**	1										
x3	0.59**	0.56**	1									
x4	0.87**	0.85**	0.29*	1								
x5	0.54**	0.61**	0.02	0.51**	1							
x6	0.19	0.1	0.09	0.07	−0.03	1						
x7	0.46**	0.29*	0.08	0.52**	0.12	−0.04	1					
x8	0.28*	0.14	0.07	0.29*	−0.01	−0.01	0.59**	1				
x9	0.31**	0.31**	0.39**	0.21	−0.02	−0.51**	0.19	0.24*	1			
x10	0.50**	0.37**	0.23*	0.47**	0.01	−0.26*	0.69**	0.73**	0.65**	1		
x11	0.63**	0.43**	0.31**	0.50**	0.46**	0.60**	0.64**	0.23*	0.70**	1		
x12	−0.45**	−0.60**	−0.32**	−0.47**	−0.48**	0.31**	0.1	0.36**	−0.1	0.39**	0.18	1

注：①x1果重，x2果壳重，x3果长，x4果宽，x5果壳厚，x6每果粒数，x7单粒长，x8单粒宽，x9单粒厚，x10单粒重，x11每果种子干重，x12果实经济系数。

②*表示在0.05水平显著；**表示在0.01水平显著。

利用通径分析方法解析果长、果宽、果重、每果粒数、单粒重等10个数量性状与每果籽粒干重的相关关系，影响可可种子产量的主要因素是单粒重、每果粒数、果重和果壳重4个农艺性状，对种子产量的直接贡献依次为：单粒重（0.6 638）>每果粒数（0.6 254）>果重（0.3 279）>果壳重（-0.2 581）。单粒重对可可种子产量的贡献最大，呈极显著相关，每果粒数和果重对种子产量有显著的正向影响。在可可育种中对果实性状的选择应以单粒重为主要指标，同时还要考虑对每果粒数和果重的选择。单粒重与每果粒数呈显著的负相关，有研究表明二者负相关关系主要受生理因素决定，因此通过育种手段能同时提升单粒重与每果粒数性状。果壳重对可可种子产量具有负影响，所以在选育时对果重和果壳重的选择要严，衡量好二者之间的关系。

3.品质性状鉴定

可可脂是可可豆的主要经济组分，具有独特的理化性质，影响着可可的商业价值和工业应用。国际可可脂含量的测定通常采用索氏抽提法，在资源鉴定过程中表现出耗时长、效率低、成本高、不易操作等缺点。为实现可可脂含量的快速准确测定，对国际通用的可可脂索氏抽提法进行创新性改进，研制"可可脂含量测定的超声超离方法"，效率是传统"索氏抽提方法"的30倍以上。其技术要点包括样品与石油醚混合液的超声提取（60℃水浴、时间5～10分钟、功率250瓦）以及固相与液相的冷冻离心分离（温度4℃、转速5 000～8 000转/分钟、时间5～8分钟），为可可种质资源可可脂含量的快速准确测定提供技术支持。

可可种质的可可脂含量介于31.79%～63.38%，平均为50.35%±0.59%。以46.50%～55.50%的种质数量最多，所占比例达45.39%；介于37.5%～46.5%和55.50%～61.50%的种质数量次之，分别占26.31%和16.45%。可可脂含量超过61.50%的种质有12份。不同可可种质资源单果可可脂产量变化较大，单果可可脂产量变化范围为5.22～50.62克，平均值为（21.80±0.66）克，其中介于10.50～19.50克的种质数量最多，所占比例达38.16%；介于19.50～25.50克和25.50～34.50克的种质数量次之，分别占28.29%和19.74%。

多酚等活性成分是影响可可涩味的关键物质，是可可豆及其制品品质的重要指标。不同可可种质多酚含量存在显著差异，其多酚含量介于12.24～61.15毫克/克，平均含量为（36.71±0.73）毫克/克。多酚含量高于

39.00毫克/克的种质所占比例为42.10%，多酚含量介于31.00～39.00毫克/克的种质所占比例为35.96%，多酚含量未超过31.00毫克/克的种质数量占21.93%。

香气是可可品质的特殊属性，影响着可可制品的风味品质和消费者喜好程度。利用顶空固相微萃取方法，结合气相色谱-质谱联用（GC-MS）技术对可可三大遗传类群种质的香气物质成分进行鉴定。共鉴定出53种挥发性化合物，主要包括酯类、醇类、醛类、酮类、酸类和烯烃类等。其中，2,3-丁二醇、乙酸、2-戊醇、2-庚醇、2-乙酰基吡咯、糠醛、β-蒎烯、3-蒈烯、β-月桂烯、α-柠檬烯、β-石竹烯、2-壬酮和γ-丁内酯为主要共有成分。Trinitario类可可挥发性香气成分多样性最高，丰富度平均值为39.32，其次为Criollo类（37.67）和Forastero类（33.75）。ANOSIM非参数检验表明，三大遗传类群可可香气物质组成存在极显著差异（ANOSIM，$r = 0.715$，$P = 0.001$）。香气物质间相关性分析表明，2-庚醇和乙酸苄酯等部分酯类化合物与醇类化合物存在极显著正相关，乙酸苯乙酯和己醛等部分酯类化合物与醛类化合物存在极显著负相关关系，说明可可香气物质间存在一定的内在联系。可可种质资源与香气物质间的相关性分析表明，香气物质含量积累水平是形成可可香味差异的主要原因。利用主成分PCA分析进一步研究发现，Trinitario类特征香气成分主要有呋喃类（糠醇）、烯烃类（3-蒈烯）、醇类（2-戊醇、1-戊醇、2,3-丁二醇、2-庚醇）和酯类（乙酸苄酯），Criollo类特征香气成分有烯烃类（β-月桂烯、α-柠檬烯、β-石竹烯、α-水芹烯）、醇类（芳樟醇）和酸类（乙酸），而Forastero类富含异戊酸异戊酯、茴香脑和2,4-戊二醇等挥发性物质，但不具有显著的特征香气成分。

第三节　主要品种资源

位于特立尼达和多巴哥的西印度大学（CRU/UWI）与位于哥斯达黎加的热带农业研究与高等教育中心（CATIE），是两个国际性的可可种质收集保存与创新利用机构，建有世界上资源量最丰富的可可种质资源保存圃，分别保存有2 400份和1 250份资源。此外，世界可可主产国科特迪瓦、加纳、巴西、厄瓜多尔、委内瑞拉、哥伦比亚、墨西哥等也建有国家可可种质资源圃。据估计，全世界目前保存有各类可可种质材料约24 000份，为可可品种培育奠定了坚实的材料基础。

图3-12　国际可可种质资源圃（哥斯达黎加）

图3-13　可可种质资源保存基地（哥斯达黎加）

一、国外可可品种

1.Amelonado

Amelonado品种源于巴西，在非洲主产区广泛种植。花束茂密而粗壮，果实表面光滑，沟脊浅，平均果长13.5厘米，果径7.8厘米，基部收缩，形状似甜瓜。种子横切面扁平，新鲜种子呈深紫色，果实大小中等。品种产量高，单株年结果量可达100个以上，单果平均种子数约43粒，单粒干重0.87~1.0克，可可脂含量51.6%~56%。自交亲和，生长势不很强壮，不易受病虫危害。据报道，世界商品可可豆中有超过60%来自Amelonado品种。

图3-14 Amelonado

2.Nacional

Nacional源于厄瓜多尔Maranon峡谷中，其只种植于厄瓜多尔和秘鲁的少量地区，产量低，抗病性较弱，品质好。在精品可可豆行业，Nacional被认为是高级品种之一，具有独特的果香味和花香味。

图3-15　Nacional
（来自 Servio Pachard）

3.CCN-51

CCN-51是在1965年由厄瓜多尔利用亲本ICS95与IMC67杂交选育，包含45.4% Iquitos（伊基托斯）、22.2% Criollo、21.5% Amelonado的遗传背景。果实表面粗糙，沟脊深，未成熟果实呈紫红色。单果平均种子数约35粒，单粒干重1.30 ～ 1.50克，产量高，生产上产量可达1 600千克/公顷。抗病性强，口感偏苦涩。CCN-51是中南美洲种植的主要品种，其目前占厄瓜多尔整个可可产量的70%。

图3-16　CCN-51

4.CATIE-R6

CATIE-R6由哥斯达黎加利用亲本UF273与PA169杂交选育。果实长梭形，基部有缢缩，未成熟果实基本色为绿色，略带紫色。鲜果重500～600克，单果平均种子数约31粒，平均产量可达1 800千克/公顷，品质较优。主要在中美洲地区种植。

图3-17　CATIE-R6

5.CC-137

CC-137由哥斯达黎加选育。果实椭圆形，基部有轻微缢缩，未成熟果实基本色为绿色，基部略带紫色。鲜果重450～550克，单果平均种子数约27粒，单粒干重1.10～1.30克，新鲜种子呈深紫色。植株生活力强，折合产量为1 320千克/公顷。主要在中美洲地区种植。

图3-18　CC-137

6.ICS-95 T1

ICS-95 T1是在1979年由特立尼达和多巴哥从Trinitario和Criollo的杂交后代中选育。嫩叶紫红色，果实表面粗糙，未成熟果实呈紫红色，果实长宽比为2.3，鲜果重550～700克，新鲜种子深红色，单果平均种子数约33粒，单粒干重0.70～0.90克，可可脂含量53.7%～58.0%。适宜在伯利兹、哥斯达黎加、危地马拉、洪都拉斯、尼加拉瓜、巴拿马、多米尼加和厄瓜多尔等中南美洲国家种植；在中南美洲，以其作为杂交亲本来培育高产、优质的品种。

图3-19 ICS-95 T1

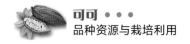
7.EET-95

EET-95是厄瓜多尔以Nacional为亲本所选育。果实表面粗糙，未成熟果实呈绿色，新鲜种子呈深紫色，单果平均种子数约36粒，单粒干重1.20～1.54克，可可脂含量50.0%～51.6%，具中等果香和花香。折合产量为1750千克/公顷。主要在南美洲地区种植。

图3-20　EET-95

8.SCA6

SCA6品种未成熟果实呈墨绿色，尖端呈乳突状，单果平均种子数约35粒，单粒干重0.55～0.60克。抗病性强，育种上常以其作为杂交亲本来培育高产、优质的品种。

图3-21　SCA6

9.ICCRI-03

ICCRI-03品种由印度尼西亚选育。果实表面粗糙，未成熟果实呈紫红色，单粒干重1.28克，可可脂含量55.1%，折合产量2 000千克/公顷。主要在印度尼西亚种植。

二、中国可可品种与品系

通过系统鉴定评价与选育种，香饮所选育出一些优良品种与品系。

1. 热引4号

20世纪80年代，从Trinitario类型后代中选育出热引4号可可品种，于2016年通过海南省农作物品种审定委员会认定，是中国第一个可可品种。热引4号可可花期主要在4～6月和8～11月，盛果期在9～12月和2～4月；叶尖形状呈长尖形，叶片长宽比为37.3∶13.6；花蕾呈粉红色；果实形状呈长椭圆形，未成熟果实呈红色，成熟果实呈橙红色；种子饱满，椭圆形，子叶颜色呈深紫色，种子单粒干重平均为0.92克。盛产期平均产量1 578.2千克/公顷。适合在海南岛东南部地区种植。

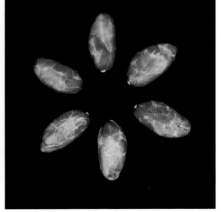

图3-22　热引4号

2.XYS-1

XYS-1品系是从Trinitario和Forastero型杂交后代中筛选。植株生长势强，分枝多；刚抽生嫩叶呈浅红色；花蕾呈米白色；果实形状呈长椭圆形，未成熟果实呈绿色，成熟果实呈黄色，鲜果重500～600克，果肉可食率15%；单果平均种子数42粒，单粒干重1.02～1.22克；单株结果量30～40个，单株可可豆产量1.65～2.20千克。

图3-23　XYS-1

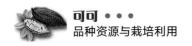

3.XYS-6

XYS-6品系树姿开张；刚抽生嫩叶呈浅绿色；花蕾呈粉红色；果实形状呈椭圆形，未成熟果实呈红绿色，成熟果实呈橙黄色，鲜果重300～450克；新鲜种子呈白色或粉红色，单果平均种子数25粒，单粒干重1.07～1.26克；植株全年挂果，树干上果实居多，单株结果量120～150个，单株可可豆产量3.50～4.39千克；可可脂含量49.08%～53.88%，多酚含量37.42～43.55毫克/克。

图3-24　XYS-6

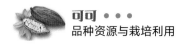
4.XYS-10

XYS-10品系树姿开张；刚抽生嫩叶呈浅绿色；花蕾呈浅红色；果实形状呈椭圆形，未成熟果实呈绿色，成熟果实呈黄色，鲜果重550～700克；新鲜种子呈深紫色，单果平均种子数43粒，单粒干重1.09～1.20克；树干结果位置较高，单株结果量30～50个，单株可可豆产量可达1.47～2.45千克；可可脂含量51.20%～57.09%，多酚含量39.95～45.13毫克/克。

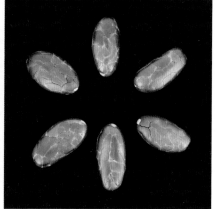

图3-25　XYS-10

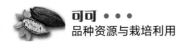
5.XYS-12

XYS-12品系植株高大，分枝多；花蕾呈粉浅红色；果实形状呈椭圆形，果实尖端渐尖呈瘿瘤状；未成熟果实呈绿色，成熟果实呈黄色，鲜果重500～600克；新鲜种子呈粉红色或浅紫色，有清香味，单果平均种子数35粒，单粒干重1.06～1.31克；树干与主分枝上果实居多，单株结果量60～100个，单株可可豆产量2.46～4.10千克；可可脂含量48.10％～53.48％，多酚含量45.98～49.49毫克/克。

图3-26　XYS-12

6.XYS-14

XYS-14品系树姿开张；果实形状呈长椭圆形，果实长宽比为2.20；未成熟果实呈紫色，成熟果实呈黄色，鲜果重400～500克，新鲜种子呈粉红色，单果平均种子数30粒，单粒干重0.99～1.32克；单株结果量60～80个，单株可可豆产量1.98～2.64千克；多酚含量36.39～39.18毫克/克。

图3-27　XYS-14

7.XYS-16

　　XYS-16品系植株高大，树姿紧凑；果实形状呈椭圆形，沟脊不明显，未成熟果实呈红色，成熟果实呈黄色，鲜果重550 ~ 700克，果肉可食率15%；新鲜种子呈深红色，单果平均种子数39粒，单粒干重1.15 ~ 1.43克；树干与主分枝上果实居多，单株结果量50 ~ 70个，单株可可豆产量2.70 ~ 3.78千克；可可脂含量48.45% ~ 54.94%，多酚含量53.82 ~ 56.53毫克/克。

图3-28　XYS-16

8.XYS-18

XYS-18品系植株高大；果实形状呈椭圆形，沟脊不明显，未成熟果实呈青白色带红色斑点，成熟果实呈橙红色，鲜果重900 ～ 1 100克；新鲜种子呈深紫色，单果平均种子数38粒，单粒干重1.80 ～ 2.13克；树干上果实居多；多酚含量47.13 ～ 51.62毫克/克。

图3-29　XYS-18

9.XYS-20

XYS-20品系植株生长势强，树姿紧凑；果实形状呈卵圆形，果实光滑，未成熟果实呈红绿色，成熟果实呈橙黄色，鲜果重450～650克；新鲜种子呈深紫色，单果平均种子数38粒，单粒干重1.20～1.38克；树干与主分枝上果实居多，单株结果量40～60个，单株可可豆产量1.92～2.88千克；可可脂含量47.87%～56.78%，多酚含量48.35～53.09毫克/克。

图3-30　XYS-20

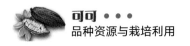
10.XYS-32

XYS-32品系刚抽生嫩叶呈紫红色；花蕾呈红色；果实形状呈椭圆形，未成熟果实呈红色，成熟果实呈橙红色，鲜果重450～600克，果肉可食率20%；新鲜种子呈紫色，种子宽厚比为2.08，单果平均种子数38粒，单粒干重1.20～1.36克；树干与主分枝上果实居多，单株结果量50～80个，单株可可豆产量2.18～3.49千克。

图3-31　XYS-32

11.XYS-38

XYS-38品系植株开张；果实形状呈近圆形，果实长宽比为1.33；果实光滑，未成熟果实呈绿色，成熟果实呈黄色，鲜果重380～550克；新鲜种子呈深紫色，单果平均种子数40粒，单粒干重0.93～1.04克；树干与主分枝上果实居多；可可脂含量49.22%～51.10%，多酚含量44.67～46.60毫克/克。

图3-32　XYS-38

12.XYS-47

XYS-47品系植株高大；果实形状呈长椭圆形，果实粗糙，未成熟果实呈粉红色，成熟果实呈黄色，鲜果重800～1 100克，果肉可食率13%；新鲜种子呈粉红色或深红色，种子宽厚比为1.32，单果平均种子数37粒，单粒干重1.45～1.63克；树干与主分枝上果实居多，单株结果量30～50个；可可脂含量51.27%～55.73%。

图3-33　XYS-47

13.XYS-75

XYS-75品系植株生长势强，树姿紧凑；果实形状呈长椭圆形，果实粗糙，果长21.08～26.27厘米，果实长宽比2.32；未成熟果实呈深绿色，成熟果实呈黄色，鲜果重850～1 200克；新鲜种子呈深紫色，单果平均种子数25粒，单粒干重1.41～1.53克；树干上果实居多，单株结果量30～50个；可可脂含量52.81%～57.11%，多酚含量39.67～45.11毫克/克。

图3-34 XYS-75

14.XYS-82

XYS-82品系植株生长势强，树姿开张；果实形状呈长椭圆形，果实粗糙，果实长宽比2.03；未成熟果实呈绿色，成熟果实呈黄色，鲜果重500～650克；新鲜种子呈深红色，单果平均种子数35粒，单粒干重1.13～1.44克；树干与主分枝上果实居多，单株结果量40～60个，单株可可豆产量1.96～2.95千克；可可脂含量52.81%～57.11%，多酚含量39.67～45.11毫克/克。

图3-35　XYS-82

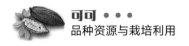

15.XYS-87

XYS-87品系植株高大，树姿开张；果实形状呈椭圆形，果实基部中度缢缩；未成熟果实呈绿色，成熟果实呈黄色，鲜果重500～750克；新鲜种子呈粉红色或深红色，种子长宽比为1.86，单果平均种子数42粒，单粒干重1.07～1.38克；树干上果实居多，单株结果量40～60个，单株可可豆产量1.86～2.80千克；可可脂含量46.67%～52.08%，多酚含量30.79～42.60毫克/克。

图3-36　XYS-87

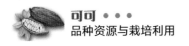

16.XYS-131

XYS-131品系树姿紧凑；果实形状呈长椭圆形，果实基部中度缢缩；未成熟果实呈紫红色，成熟果实呈橙红色，鲜果重400～650克；新鲜种子呈深紫色，单果平均种子数37粒，单粒干重1.32～1.50克；树干与主分枝上果实居多，单株结果量50～80个，单株可可豆产量2.45～3.92千克；可可脂含量42.53%～51.90%，多酚含量53.06～59.91毫克/克。

图3-37　XYS-131

17.XYS-150

XYS-150品系植株高大，树姿紧凑；果实形状呈椭圆形，果实基部中度缢缩；未成熟果实呈红色，成熟果实呈橙红色，鲜果重450～600克；新鲜种子呈粉红色或深红色，种子宽厚比为2.14，单果平均种子数36粒，单粒干重0.92～1.21克；树干上果实居多，单株结果量60～80个，单株可可豆产量2.36～3.14千克；可可脂含量46.68%～55.93%。

图3-38　XYS-150

18.XYS-162

XYS-162品系植株生长势强，树姿开张；果实形状呈长椭圆形，果实长宽比1.95，果实基部轻度缢缩；未成熟果实呈红色，成熟果实呈橙红色，鲜果重500～650克；新鲜种子呈深红色或深紫色，单果平均种子数45粒，单粒干重1.06～1.29克；树干与主分枝上果实居多，单株结果量30～50个，单株可可豆产量1.55～2.58千克；可可脂含量48.15%～57.65%，多酚含量51.29～58.62毫克/克。

图3-39　XYS-162

19.XYS-168

XYS-168品系植株生长势强，树姿紧凑；果实形状呈椭圆形，果实长宽比1.69；未成熟果实呈青白色，成熟果实呈黄色，鲜果重550～750克；新鲜种子呈深红色，单果平均种子数31粒，种子宽厚比2.11，单粒干重1.83～1.94克；树干与主分枝上果实居多，单株结果量60～90个，单株可可豆产量3.32～4.98千克；可可脂含量45.17%～50.85%，多酚含量49.37～53.61毫克/克。

图3-40　XYS-168

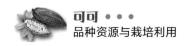
20.XYS-177

XYS-177品系植株生长势强，树姿紧凑；果实形状呈椭圆形，果实长宽比3.01，果实基部高度缢缩；未成熟果实呈绿色，成熟果实呈黄色，鲜果重500～650克；新鲜种子呈深红色或深紫色，单果平均种子数41粒，种子长宽比1.51，单粒干重0.79～0.99克；树干上果实居多，单株结果量60～80个；可可脂含量44.72%～48.95%，多酚含量46.20～57.52毫克/克。

图3-41　XYS-177

21.XYS-201

XYS-201品系植株树姿开张；果实形状呈近圆形，果实10条沟脊对称，果实基部轻度缢缩；未成熟果实呈亮紫色，成熟果实呈橙红色，鲜果重400～550克；新鲜种子呈深紫色，单果平均种子数35粒，单粒干重0.85～1.02克；树干与主分枝上果实居多，单株结果量30～50个。每年1～3月期间，果实颜色最深，果实表面油光发亮，观赏效果佳。

图3-42 XYS-201

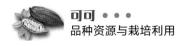

22.XYS-202

XYS-202品系植株生长势强，分枝多，叶片大；果实形状呈长梭形，果实长宽比为2.12，果实横切面呈五边形；未成熟果实呈亮紫色，成熟果实呈橙红色，鲜果重200～350克；新鲜种子呈深红色，单果平均种子数7粒，单粒干重0.65～0.95克；树干与主分枝上果实居多，单株结果量40～60个。每年1～3月期间，果实颜色呈紫红色，形状奇特，观赏效果佳。

图3-43　XYS-202

Chapter 4
第四章　可可种苗繁育技术

优良种苗是可可种植生产的基础，种苗的质量与生产能力在一定程度上决定了可可种植生产的进程与发展方向，必须有足够数量的优良种苗才能保证可可产业的健康持续发展。

可可种苗的繁殖方法包括有性繁殖与无性繁殖。

第一节　有性繁殖

有性繁殖又称种子繁殖，是可可育苗中最基础的繁殖方法。无论是培育实生苗木还是繁育嫁接砧木，均要通过播种育苗这个有性繁殖过程。该法简单易行，种植户多采用此法繁殖苗木。但其所生产的苗木遗传背景复杂，变异性大，定植后难以保持母树的优良性状。目前，有性繁殖的实生苗主要在房前屋后或道路两侧种植，大面积的商业生产不建议采用。生产上，此法主要用于繁育嫁接砧木。

可可的有性繁殖有以下步骤。

一、选种

1.选树

选择长势健壮、结果3年以上，高产稳产、优质、抗逆性强的母树采果。

2.选果

选择树干上果形端正、发育饱满、充分成熟的果实。可可种子为顽拗性种子，没有休眠期，一经成熟较容易发芽。如保存时间过长，期间受真菌感染、失水和低温影响，种子会逐渐丧失发芽力。因此，可可种果采收后短期内就要进行育苗。

图4-1　育苗母树与果实选择

二、种子处理

1.清洗果肉

剖开果实，将种子取出，剖果过程避免切伤种子。洗去种子外附着的果肉，洗去果肉可减少蚂蚁及其他地下害虫侵害，提高发芽率。

清洗后的种子，使用干木屑、细谷壳、草木灰等擦洗，使用木屑、细谷壳擦洗效果良好，无副作用。在清洗果肉过程中，要注意保护种子，特别避免损伤发芽孔的一端；此外清洗地要选在阴凉处，避免阳光直射种子。

2.选种子

选择发育饱满、充实、卵圆形的种子。这类种子播种后生长快，结果多，寿命长。

催芽前，剔除不饱满、发育畸形或在果壳内已经发芽的种子。另外，在催芽后期萌发的种子以及萌发后无力生出地表的种子也不应保留。这类幼苗生长势较弱，易受病害，很难长成壮苗。

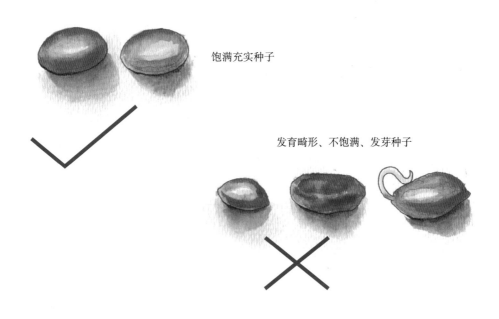

饱满充实种子

发育畸形、不饱满、发芽种子

图4-2　育苗种子选择

3.催芽

在阴凉处，用石块或砖块堆砌育苗池，池中铺厚约30厘米的河沙，将准备好的种子平铺在沙床之上，再盖沙2～3厘米，沙床经常保持湿润。当种子顶出沙床，子叶张开时，便可转移到育苗袋中。在冬季低温期间，为了免受寒害，可采用塑料薄膜覆盖催芽。苗床上遮盖50%遮阳网或置于树荫下。

图4-3　沙床催芽

　　可可种子发芽属于子叶出土型，子叶出土后两片子叶对称展开，与主茎垂直。主茎上新生的真叶的叶序为5/8螺旋排列，叶柄较长，每个叶腋均生有休眠的腋芽，顶端受损后，腋芽会激活发育成新主茎。

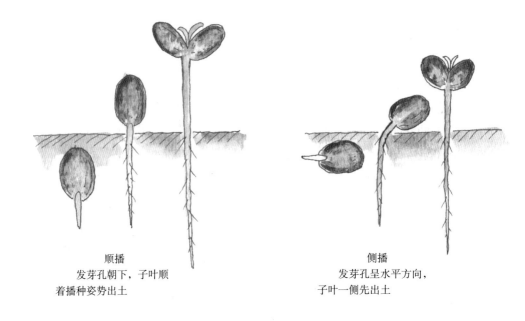

順播
发芽孔朝下，子叶顺
着播种姿势出土

側播
发芽孔呈水平方向，
子叶一侧先出土

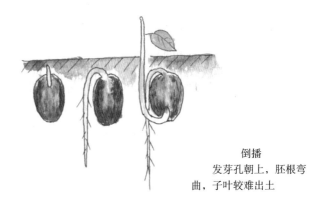

倒播
发芽孔朝上，胚根弯
曲，子叶较难出土

图4-4　种子催芽方位与芽苗状态

三、育苗

1.苗圃建立

选择靠近种植区、水源、静风、湿润、排水良好的缓坡地或平地作苗圃
地。建立苗圃地需仔细规划，布设排水沟与运苗通道，设置荫棚与防风障。荫

棚大小、距离、走向应根据苗圃实际情况而定，荫棚的荫蔽度均匀一致，以50%左右为宜。

2.**育苗袋准备**

为便于定植，提高定植成活率，采用营养袋育苗。一般用聚乙烯薄膜制成的塑料袋，袋壁上有少许小孔便于排水，口径12厘米左右，高25厘米左右，塑料袋足够高有利于可可种苗主根生长。

营养土好坏直接关系到培育种苗质量。较好的营养土配方为：pH 6.0～6.5，质地良好的表层壤土6份，腐熟有机肥3份，清洁的河沙1份，此外再加入少量的钙镁磷肥（约0.5%）。装好袋后置于荫棚下即可育苗。为了便于管理，按每畦4～5行排列整齐，每两畦间留50～60厘米间隔。

图4-5 摆放育苗袋

3.移苗

在移栽当天，将幼苗从沙床上拔起，拔起过程中注意疏松沙床，以减少对根的损伤。在装填好营养土的营养袋中央，依据幼苗根系用小木棍开一小穴，然后将准备好的幼苗竖直插入穴中，用手指按压小穴四周土壤固定幼苗。并遮盖50%遮阳网或置于树荫下，移栽后淋透定根水。

图4-6　沙床取苗

图4-7　沙床取苗时可可芽苗状态

图4-8　幼苗移栽

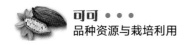

4.苗木管理

苗期应保持土壤湿润，从移栽到第一蓬真叶老熟前，应供应充足水分。移栽前期须每天淋水1次，后期逐渐减少淋水量，或每2～3天淋水1次，定植前应减少淋水。

种苗抚育前期，苗圃荫蔽度保持50%左右。荫蔽度过高，会导致种苗叶片枯萎、种苗弱小；荫蔽度不足，会导致种苗出现黄化，健康种苗率低。提供荫蔽的遮盖物还可以阻挡降水对种苗的损害，降低雨滴溅射，减少土壤中的病菌向叶片扩散。

种苗抚育后期，降低荫蔽度至30%左右。

图4-9　调节苗圃荫蔽度

第二节　无性繁殖

无性繁殖是利用优良母树的枝、芽等组织或器官来繁殖苗木。用此法繁殖的苗木遗传背景单一，能保持母树的优良性状（如高产、优质、抗性强等性状）。无性繁殖包括嫁接、空中压条、扦插与组织培养等方法。目前大规模商业生产主要用嫁接方法繁殖良种苗木。

生产中，可可的无性繁殖主要有以下几种方法。

一、嫁接

嫁接属无性繁殖的一种。嫁接苗既可以保持母树的优良性状，又可利用砧木强大的根系提高植株抗旱、抗病能力，有利于植株生长，增强抗逆性。

生产上应选择结果量多、果壳薄、可可豆粒重大、可可脂含量高、抗病虫性强的可可树作为母树。

如果用优良母树上结出的种子直接育苗，后代植株会出现变异，常不具有母树的优良表型。利用优良母树通过嫁接方法繁育种苗，后代植株可以保持母树的优良表型。

应用于可可嫁接的方法有芽接、腹接、顶接等。

1.采接穗

接穗取自挂果3年以上的高产优质母树，剪取优良母树上芽眼饱满的半木质化枝条，以枝粗0.7～1厘米、表皮黄褐色为好，剪去叶片，保留叶柄。接穗生活力的高低也是嫁接成功的关键，生活力保持越好，嫁接成活率越高。

2.选砧木

选择主干直立、株高60厘米左右、茎粗0.8～1厘米、叶片正常、生长健壮、无病虫害的可可实生苗为砧木。砧木宜用袋装苗。

3.嫁接时间

以3～5月或9～11月雨旱季交替之时为嫁接适宜时期。在高温期、低温期、雨天均不宜嫁接。温度过高，蒸发量大，切口易失水，嫁接不易成活；温度过低，形成层代谢缓慢，愈合时间过长，嫁接不易成活。

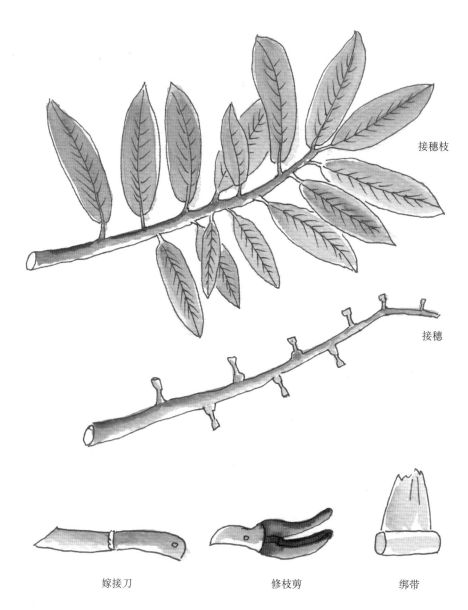

接穗枝

接穗

嫁接刀　　　　　　　　　修枝剪　　　　　　　　　绑带

图4-10　接穗与嫁接工具

4.芽接

（1）开芽接位　嫁接前，剪去顶芽和芽接部位以下的枝叶。芽接部位为砧木苗主干离地10～15厘米处，在砧木上开一深度刚达木质部的切口，切开的砧木片仅与切口底端相连。

图4-11　开芽接位

（2）切芽片　选择接穗枝上较平部位取芽（即芽点，位于叶柄上方），先在芽点上下横向各环割一刀，再在芽点左右纵向各切一刀，深度刚到木质部，芽片尺寸与砧木切口一致；轻拉芽片上的叶柄使其从木质部上剥离，形成接穗。

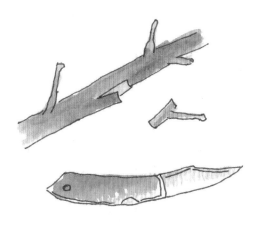

图4-12　切芽片

（3）嵌合　轻拉砧木切口处的砧木片，放入芽片，使芽片形成层与砧木形成层对齐，将切开的砧木片紧压芽片，剪去砧木片约3/4，留少许砧木片卡住芽片。

（4）绑扎　用韧性好的透明绑带自下而上将芽片和砧木结合处绑紧，最后在接口上方打结。在绑扎过程中，轻扶芽片，使芽片与砧木形成层对齐。

（5）解绑　嫁接后30～45天解除绑扎，其间如果温度较高可较早解绑，温度较低可适当延后解绑。

图4-13　绑　扎

图4-14　解　绑

（6）剪砧　解绑后，芽片成活的植株待新抽生枝条长出4～7片叶，在芽接部位以上10厘米处将砧木剪除。开展水肥管理，促进接穗迅速生长。

5.腹接

（1）开嫁接位　在砧木主干开一深度刚达木质部的竖长切口，切除中段砧木片，剥离切口两端的砧木片，形成上下砧木片。

（2）削接穗　在接穗上选择1个健壮腋芽，将接穗两端削成斜面，接穗无腋芽一侧纵向削去韧皮部，露出纵削面，制成接穗，接穗长度与砧木切口一致。

图4-15 嫁接成活植株接穗抽芽

图4-16 剪 砧

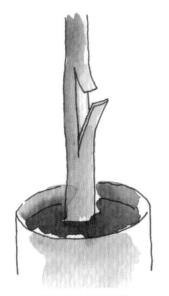

图4-17 开嫁接位

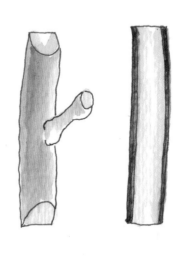

图4-18 削接穗

（3）嵌合　轻拉砧木切口的下砧木片，将接穗底部放入砧木切口，接穗顶端从侧面嵌进上砧木片，调整接穗位置，纵削面与砧木切口形成层贴合，切口两端的砧木片覆压在接穗两端，固定砧木片和接穗。

（4）绑扎　自下而上将接穗和砧木结合处绑紧，最后在接口上方打结。在绑扎过程中，轻扶接穗，防止接穗移动。

图4-19　嵌　合　　　　　　　　　　　图4-20　绑　扎

（5）解绑　嫁接30天后，接穗成活后，解除绑带。

（6）剪砧　解绑后，嫁接成活的植株新抽生枝条长出4～7片叶，在嫁接部位以上10厘米处将砧木剪除。开展水肥管理，促进接穗迅速生长。

6.顶接

（1）开嫁接位　将砧木从离地15～20厘米处横向切断，将横切面纵向劈开。

（2）削接穗　将带有2～3个腋芽的接穗底端两侧削成长斜面，顶端横切，制成接穗。

图4-21　解　绑　　　　　　　　　　　　　图4-22　剪　砧

（3）嵌合　将接穗嵌入切口，接穗与砧木的形成层相契合，固定砧木片和接穗，将接穗和砧木结合处绑紧，再用透明塑料袋罩住接穗。

（4）解绑　嫁接25～30天接穗成活后，解除绑带。

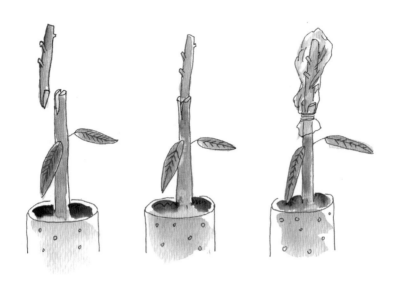

图4-23　顶接过程

7.嫁接换种

（1）**开嫁接位** 在可可树干上开一深度刚达木质部的竖长切口，切口顶部削成斜面，切开的砧木片与切口底端相连，形成舌状砧木片。

（2）**削接穗** 在接穗上选择1～2个健壮腋芽，用修枝剪将接穗上端剪平，下端削成长斜面，斜面长度与砧木切口一致，接穗顶端用绑带包裹。

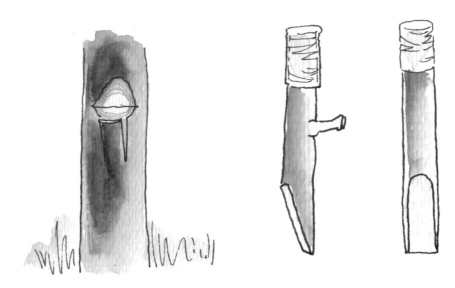

图4-24　开嫁接位　　　　　　　　　　　　图4-25　削接穗

（3）**嵌合** 轻拉砧木切口的砧木片，将接穗底部嵌入砧木切口，调整接穗位置，接穗长斜面与砧木切口贴合，切开的砧木片紧压接穗下端，固定砧木片和接穗。

（4）**绑扎** 用绳子固定接穗与砧木切口结合处，用透明塑料膜覆盖接穗，并用绳子捆绑。在绑扎过程中，固定接穗，防止接穗移动。

（5）**解绑** 嫁接30天后接穗成活，去除接穗上的绑扎物使芽点露出，剪除成龄树干上的直生枝，接穗上萌生出新枝条后将全部捆绑物去除，及时剪除接穗枝上过密的新萌生枝条。

（6）**锯干** 逐步疏剪砧木上分枝，接穗新抽生枝条长至50厘米左右，将砧木从嫁接部位以上20厘米处锯除。

图4-26 嵌 合

图4-27 绑 扎

图4-28 解 绑

图4-29 锯 干

二、扦插

从生长势旺盛的健康植株选取叶片绿色、刚成熟的枝条作为插条，插条长20～30厘米，3/4的部分呈绿色，一般称为"半木质化插条"。宜在早晨7：00—9：00剪取插条，剪下后须保留顶端3～6片叶，并将其剪去1/3～1/2，其余叶片则齐枝干剪去，切口平，将插条基部置于生根粉溶液中浸泡1分钟，处理后的插条插入育苗袋，空气湿度应接近100%，温度不宜超过30℃，荫蔽度控制在75%～80%。

图4-30　扦插枝准备

图4-31　扦插枝处理

图4-32　扦插枝装袋

三、空中压条

采用空中压条（圈枝）方法进行无性繁殖，其优点是植株矮化、方便管理，可提早结果，保持了优良特性；缺点是无主根，结果小而少，树体抗风力稍弱，向背风面倾斜。定植第2年起可开花结果。

图4-33 空中压条过程

在海南，以每年的3～5月圈枝最适宜。选择直径1.5～2厘米的半木质化枝条，在离枝端30～50厘米处环状剥皮长2～3厘米，然后用刀在剥口处轻刮，刮净剥口的形成层，并撒上少量生根粉。在海南常用的包扎基质为椰糠，湿度以手捏出水滴为度，最后用塑料带以环剥口为中心绑扎结实。捆绑扎紧是决定圈枝成功的关键因素之一。

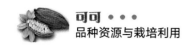

第三节 种苗出圃

种苗出圃时间宜与种植园定植时期一致，在海南春、夏、秋季均可出圃定植，起苗前应减少淋水，这样有利于土球定型结实。

一、出圃标准

1.实生苗标准

种源来自经确认的品种纯正、优质高产的母本园或母株；出圃时营养袋完好，营养土完整不松散，土团直径≥15厘米、高≥20厘米；植株主干直立，生长健壮，叶片浓绿、正常，根系发达，无机械损伤；株高≥30厘米；茎粗≥0.4厘米；苗龄3～6个月为宜。

图4-34 实生可可苗

2.嫁接苗标准

种源来自经确认的品种纯正、优质高产的母本园或母株，品种纯度≥98%；出圃时营养袋完好，营养土完整不松散，土团直径≥15厘米、高≥20厘米；植株主干直立，生长健壮，叶片浓绿、正常，根系发达，无机械损伤；接口愈合程度良好；株高≥25厘米；茎粗≥0.4厘米、新梢长≥15厘米、新梢粗≥0.3厘米；苗龄6～9个月为宜。

图4-35　嫁接可可苗

二、包装

可可苗在出圃前应逐渐减少荫蔽，锻炼种苗。在大田荫蔽不足的植区，尤应如此。起苗前停止灌水，起苗后剪除病叶、虫叶、老叶和过长的根系。全株用消毒液喷洒，晾干水分。营养袋培育的种苗不需要包装可直接运输。

三、运输与储存

种苗在短途运输过程中应保持一定的湿度和通风透气，避免日晒、雨淋；长途运输时应选用配备空调设备的交通工具。在运输装卸过程中，应注意防止种苗芽眼和皮层的损伤。到达目的地后，要及时交接、保养管理，尽快定植或假植。

种苗出圃后应在当日装运，运达目的地后如短时间内无法定植，应将袋装苗置于荫棚中，避免烈日暴晒，并注意淋水，保持湿润。

Chapter 5
第五章 可可种植技术

可可是多年生热带经济作物，独具特色，经济寿命可达30～50年，可可种植业在热带农业经济中具有高效、快速和长效三重特点，只有标准化种植，才能促进产业可持续发展，并显著促进农业增效、农民增收和农村增绿。因此，建园前须重视区域规划、种植园规划和种植管理，主要包括种植园选地、开垦、定植、施肥管理、土壤管理、树体管理和水分管理等，这些措施关系到可可树的早投产、丰产和稳产。生产实践证明，种植户对园地规划、种植技术、整形修剪技术的掌握程度，是决定一个种植园产量、品质和经济效益的关键因素，直接关乎种植园建设和生产成效。

第一节 种植区划

热带作物的商品化生产必须充分发挥地区的资源优势，因地制宜发展有地区特色、竞争力强、优质的商品，才能取得最佳的效益。这就需要了解气候区划、热带作物种类分类等。

可可作为中国引进作物，通常需要先进行引种试验，成功后才能作为育种材料间接利用或作为推广品种直接在生产上利用。这种通过人为引种和培育，使外地作物成为本地作物的措施和过程，称为引种驯化。作物的引种驯化必须遵循作物的"生态型"原则，同时紧密结合"气候相似论""生态相似论"，以及生态学、植物地理学的应用。引种驯化能否成功，主要取决于引种地的气候条件，如温度、降水量等因素，与原产地的差异大小，即气候相似性的高低。气候条件差异大，相似度低，难以引种驯化成功；差异小，相似度高，则易于引种驯化成功。通过引种驯化将外地作物变成本地作物，从而达到开发利用的目的，这对作物引种驯化有着极重要的指导与应用意义。

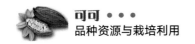

一、典型热带作物

根据王惠云（2006）等资料，热带作物可分为一般热带作物和典型热带作物两类。一般热带作物，是指虽原产于热带，但对低温忍耐能力较强，在稍温凉的南亚热带也能正常生长和开花结果的作物。这类作物主要有芒果、香蕉、菠萝、菠萝蜜、尖蜜拉、番木瓜、荔枝、龙眼、番荔枝、杨桃、莲雾、酸豆、人心果、蛋黄果、金星果、蒲桃、番樱桃、西印度樱桃、椰子等。典型热带作物，是指原产于热带，对低温抗性较弱，即使在北热带也难以生存的作物。这类作物一般在15℃停止生长，10℃以下出现寒害，5℃以下出现严重寒害，在北热带（边缘热带）地区不宜发展。典型热带作物主要有可可、面包果、榴莲、山竹、红毛丹、腰果、蛇皮果、巴西坚果等。

二、中国海南省气候区划

气候区划是根据研究目的和产业部门对气候的要求，采用有关指标，对全球或某一地区的气候进行逐级划分，将气候大致相同的地方划为一区，不同的地方划入另一区，得出若干等级的区划单位，从而反映出气候受地带性与非地带性综合影响的变化规律。车秀芬等根据海南省18个气象站1981—2010年的逐日气温、降水、日照、辐射等气象数据，采用温度带、干湿区和气候区三级指标体系，进行海南岛气候重新区划，边缘热带和中热带交界处大致为，西起昌江与儋州交界处，沿东方、乐东、三亚、陵水各市县的北部边缘，东至万宁市中部地区。该线以南为中热带地区，以北为边缘热带地区。根据周年气温的高低，热带地区可细分为北热带（边缘热带地区）、中热带和赤道热带。

表5-1　海南省气候指标

地区	年平均温度（℃）	年极端最低气温平均值（℃）	年平均降水量（毫米）	1月平均气温（℃）	7月平均气温（℃）	日均温≥10℃积温（℃）	年平均湿度（%）	年日照时数（小时）
海口	24.8	8.7	1 646	18.4	29.1	9 048	82	1 878
定安	24.4	8.1	1 993	18.2	28.8	8 912	84	1 824
澄迈	24	6.6	1 801	17.9	28.5	8 773	85	1 835
临高	24	7.2	1 476	17.6	28.7	8 769	84	2 049
儋州	23.8	7.4	1 857	17.9	27.9	8 683	82	1 979

（续）

地区	年平均温度（℃）	年极端最低气温平均值（℃）	年平均降水量（毫米）	1月平均气温（℃）	7月平均气温（℃）	日均温≥10℃积温（℃）	年平均湿度（%）	年日照时数（小时）
琼海	24.6	9.1	2 054	18.8	28.6	8 995	84	1 971
文昌	24.4	8	1 975	18.5	28.5	8 897	86	1 923
万宁	25	10.2	2 070	19.5	28.8	9 133	84	2 051
兴隆	25.5	10.5	2 400	19.8	28.8	9 200	86	2 150
屯昌	24	7.5	2 080	18	28.8	8 773	83	1 947
白沙	23.5	5.8	1 948	17.8	27.4	8 565	84	2 052
琼中	23.1	6.1	2 388	17.4	27	8 438	85	1 888
昌江	24.9	9.3	1 693	19.4	28.7	9 088	77	2 160
东方	25.2	10	941	19.3	29.5	9 221	79	2 551
乐东	24.7	9	1 634	20.1	27.6	9 030	79	2 029
五指山	23.1	6.3	1 870	18.4	26.2	8 459	83	2 019
保亭	24.8	8.6	2 163	20.2	27.6	9 049	82	1 755
陵水	25.4	11.5	1 718	20.6	28.4	9 261	80	2 255
三亚	26.3	12.8	1 561	22.3	28.8	9 614	78	2 300
三沙	27	16.5	1 473.5	23.5	29.1	9 861	81	2 739.7

注：大部分资料引自车秀芬"海南岛气候区划研究"，2014年；兴隆气候资料来自香饮所生态气候站；三沙气候资料来自三沙气候站。

海南岛本岛大多属于边缘热带地区和中热带地区，海南省的三沙地区属于赤道热带地区。此外需指出的是，在海南岛的中部山区，由于垂直高度的影响，如五指山、尖峰岭天池等，细分属于南亚热带地区。

表5-2　温度带划分指标

温度带	主要指标	辅助指标	参考指标
	日均温≥10℃积温（℃）	1月均温（℃）	年极端低温均值（℃）
边缘热带	>8 000～9 000	>15～18	>5～8
中热带	>9 000～10 000	>18～24	>8～20
赤道热带	>10 000	>24	>20

注：引自车秀芬"海南岛气候区划研究"，2014年。

就海南省气候带气候条件的划分，结合《中国热带作物栽培学》中关于中国南部地区热带作物种植区划，以及国内保存的可可品种资源及引种试种试验，可可在海南岛推荐种植区域主要为琼东南的丘陵台地地区，包括万宁、琼海、保亭、陵水、乐东和三亚等市县。该地区年平均气温23.1～27℃，极端最低气温≥10℃，最冷月平均气温≥17℃，年降水量在1 500～2 500毫米，气温高、热量大、光照足，≥10℃积温大于8 800℃，一般无冬春季低温阴雨天气影响或影响不大，土壤条件好，大多为低丘陵，易成片开发，是适宜可可产业发展的优势区域。在这些地区发展可可种植，可做到该产业在国内人无我有，突出海南热带地域特色，创地区品牌。但这些地区处于台风高发区，受台风危害的风险较大，规划种植时需加强配套的矮化抗风栽培技术及台风防范技术研发与推广应用，促进产业的发展。

三、世界种植分布区

目前，可可广泛分布于非洲、拉丁美洲、东南亚和大洋洲的80多个国家和地区，主要在南纬20°至北纬20°以内的地区，其中中国的海南、云南和台湾的热带地区都有可可的引种种植，但只有海南岛适合可可的规模化种植，当前在万宁市、琼海市、保亭县开始规模化推广及生产性种植。

第二节 种植园建设

一、园地选择

根据可可对环境条件的要求，选择适宜的种植地，温度是首先要考虑的因素。此外，生产优质可可，海拔与坡向选择，适合的光照、温度、湿度等小气候环境的创造，也非常重要。种植地的科学规划可为可可园管理、产品初加工等工作的进行打下良好基础。

1.适宜可可生产的气候条件

降水量	①年降水量1 500～4 000毫米 ②气候不能过于干燥，不能连续3个月的月平均降水量低于100毫米
温度	适宜温度21～31℃
光照	每天直射阳光4.5～6.5小时
海拔	600米以下

2.土壤

（1）最适种植可可的土壤条件

①土层厚度1米以上，无巨石。

②排水通气良好。

③富含有机质。

④pH 6.0 ～ 6.5。

（2）不适宜种植可可的土壤条件

①土层浅薄。

②土壤多石。

③滞水。

二、园地建立

园地规划建设包括小区、水肥池、防风林、道路系统和排灌系统等整体规划与设计。

1.园地规划

为了便于种植园的发展和管理，集中连片种植必须根据地块大小、地形、地势、坡度及机械化程度等进行园地规划，包括小区、道路排灌系统、防护林和水肥池等。

一般地，按同一小区的坡向、土质和肥力相对一致的原则，将全园划分若干小区，形状因地制宜，每个小区面积以2 ～ 3公顷为宜。种植园水肥池的规划。一般每个小区应设立水肥池，容积为10 ～ 15米^3。

园地四周设置防护林。主林带设在较高的迎风处，与主风方向垂直，宽10 ～ 12米；副林带与主林带垂直，一般宽6 ～ 8米。宜选择适合当地生长的高、中、矮树种混种，如木麻黄、母生、竹柏、琼崖海棠、台湾相思和油茶等树种。

根据种植园的规模、地形和地貌等条件，设置合理的道路系统，包括主路、支路等。主路贯穿全园并与初加工厂、支路、园外道路相连，山地建园呈"之"字形绕山而上，且上升的斜度不超过8°；支路修在适中位置，将整个园区分成小区。主路和支路宽分别为5 ～ 6米和3 ～ 4米。小区间设小路，路宽2 ～ 3米。

排灌系统规划应因地制宜，充分利用附近河沟、坑塘、水库等排灌配套工程，配置灌溉或淋水的蓄水池等。坡度小的平缓种植园地应设置环园大沟、

园内纵沟和横排水沟，环园大沟一般距防护林3米，距边行植株3米，沟宽80厘米、深60厘米；在主干道两侧设园内纵沟，沟宽60厘米、深40厘米；支干道两侧设横排水沟，沟宽40厘米、深30厘米。环园大沟、园内纵沟和横排水沟互相连通。除了利用天然水沟灌溉外，同时视具体情况铺设管道灌溉系统，顺园地的行间埋管，按株距开灌水口。

2.园地开垦

开垦时，应先划出防护林带，保留大树不砍，接着疏伐不需要保留的树木和灌木，并清理干净。土壤深耕后，随即平整。园地水土保持工程的修筑，依据地形和坡度不同来进行。坡度5°以下的缓坡地不必修筑专门的水土保持工程，但应等高种植，并隔几行修筑一土埂防止水土流失；坡度在5°~20°的坡地应等高开垦，修筑梯面宽度3~4米的水平梯田或环山行，向内稍倾斜。

3.荫蔽

可可良性生长需要适度荫蔽，以30%~50%为宜，与经济作物复合种植能合理利用土地，增加单位面积土地收益。

（1）椰子间作可可　椰子林与可可复合种植，椰子与可可之间能形成良好的生态环境，椰子投产后林下光照、通风等，与可可生产所需的条件能较好匹配。

图5-1　椰子间作可可

椰子树定植2～3年后，在椰子林下种植可可。椰子株行距为7米×9米（150～165株/公顷），可可株行距为3米×3米。椰子过密会导致椰子林下荫蔽度过高，投产后可可产量较低。

（2）槟榔间作可可　槟榔与可可复合种植，能降低太阳对可可树干的直射，可可叶片、树枝等凋落物覆盖园地表面，抑制杂草生长并能起到保持水土、增加土壤有机质和养分的作用。

图5-2　槟榔间作可可

槟榔树定植2～3年后，在槟榔林下种植可可。槟榔株行距为3米×3米（1 225株/公顷），可可株行距为3米×3米。与椰子间作不同，槟榔树成龄后林下有充足的光照。

（3）香蕉间作可可　香蕉可作为可可的临时荫蔽树，在可可投产前种植香蕉可以为幼龄可可树提供荫蔽，也能增加收益。可可树长大后，疏伐的香蕉植株可以作为覆盖，增加土壤有机质和提升土壤养分。

香蕉株行距为3米×1.5米（2 250株/公顷），可可株行距为3米×3米。

4.植穴准备

定植前1～2个月准备植穴，定植穴长、宽、深以60厘米为宜。挖穴时，把表土、底土分开放置，并拣除石头等杂物。根据土壤肥沃或贫瘠情况施基肥，一般每穴施充分腐熟的有机肥15～20千克、复合肥0.5～1千克。

三、定植

1.定植要求

①实生种苗培育5～6个月，种苗苗龄不能过小也不能过大，苗龄过大种苗主根穿过育苗袋导致主根弯曲。

②种苗健康，无病虫危害。

③种苗转运过程注意保护，防止风对幼苗的损伤。

④待定植种苗暂时存放地需阴凉、通风。

⑤定植期间有降水，土壤湿润，在海南多选择在7～9月高温多雨季节进行，有利于幼苗恢复生长。

⑥种苗定植前应充分淋水，定植后及时浇定根水。

⑦定植后，需设置适当的荫蔽物防止幼苗晒伤。

2.定植

①将部分表土与基肥充分混匀后回填到植穴底部。

②植穴底部土壤需要疏松，以促进根系向下生长。

③定植时，用刀将育苗袋底部2～3厘米割除，同时切除弯曲的主根。

④ 将幼苗轻放到植穴中，育苗袋表面与地面齐平。

⑤ 将剩余表土回填至育苗袋四周。

⑥ 将育苗袋向上拉出。

⑦压紧种苗四周土壤，回填底土至植穴表面，并在植株周围制作浇水穴。

⑧适当剪除部分叶片，剪去嫩叶，成熟叶片剪去1/3～1/2，以减少苗木水分蒸发，淋足定根水。

⑨回填后的植穴，应与周边地表持平或略高，防止降水过多导致植株滞水。

⑩用树叶或椰壳覆盖树根周围地面，防止阳光暴晒，以降低温度。

⑪全部定植完成后，收集育苗袋并集中处理。

3.植后管理

定植后3～5天内如是晴天和温度高时，每天要淋水1次，在植后1～2个月内，都应适当淋水，以提高成活率；如遇雨天应开沟排除积水，防止烂根。嫁接种苗植后1个月左右抽出的砧木嫩芽要及时抹掉，并对缺株及时补种，保持种植园苗木整齐。

图5-3　开挖植穴

图5-4　幼苗入穴

图5-5　移除育苗袋

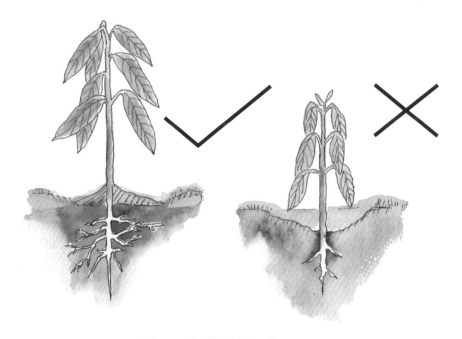

图5-6　可可苗根部周围处理

第三节　树体管理与施肥

可可定植后，既要加强幼龄树管理，又要加强成龄树管理，这是提高可可产量与品质的关键。

可可树生命周期大致分成幼树期、结果初期、盛果期和衰老期。幼树期以扩展根系、扩大树冠和培养树型为主，为开花结果奠定基础，这个时期应勤施薄肥，以氮肥为主，适当配施磷肥、钾肥、镁肥。结果初期和盛果期主要以促花、丰产稳产为目标，注重氮、磷、钾配合，提高钾肥配比，适当配施镁肥。衰老期以促进更新复壮、延长结果期为目标，以氮肥为主，适当配施磷肥、钾肥。

可可根系分布浅而广，吸收根主要垂直分布集中在5～50厘米，水平分布集中在距离树干1～3米，施肥应集中在此区域。施肥方式包括环状沟施、条状沟施、穴施水肥等。环状沟施：以树冠滴水线（树冠外沿）为中心，开宽20～40厘米、深20～40厘米的沟，将肥料施入沟内后填平。条状沟施：在可可树的行间或株间或隔行开沟，沟宽和沟深同环状沟施，开沟位置逐年轮换。穴施水肥：在树冠滴水线处挖长、宽、深均为40厘米的水肥穴，数量依树冠大小而定，4～8个不等。

一、幼龄树管理

可可从定植到开花结果需要2.5～3年，定植5～7年后进入盛产期。幼龄可可树一般指种植后2～3年内未开始结果的树。这时期的生长特点是，枝梢萌发旺盛，根系分布较浅，抗逆能力较弱。管理目标是扩大根系生长范围，加速树冠向外扩展，形成树干健壮、主分枝分布均匀的树型，为丰产、稳产打好基础。

（一）土壤与荫蔽管理

可可根系比较纤弱，主要吸收根分布在表土层，尤其在可可幼龄期，加强土壤管理、保护好土壤表层的有机层，形成良好的土壤结构显得十分重要。

可可在定植初期及幼龄阶段须遮阳、覆盖，以避免阳光对植株灼伤，并保持植株周边土壤湿润、减少水分蒸发。在海南，可以就地取材，利用椰子叶插在植株周边遮阳；各种干杂草、枯叶、椰糠等均可以作为覆盖材料，覆盖时间一般从雨季末期开始，离树干15～20厘米覆盖，厚度以5～10厘米为宜。

在海南干旱炎热季节，土壤表面温度高达30～45℃，覆盖有利于减少水分蒸发，可有效降低地表温度5℃左右。覆盖不仅可以调节土壤表面温度，夏季降温、冬季保温，并改善土壤团粒结构，保持土壤湿度、增加有机质含量和土壤微生物多样性，有利于可可根系生长和养分吸收，促进植株生长。

图5-7　可可间作木薯

园地定植临时荫蔽树，常用山毛豆、木薯等，临时荫蔽树定植后，应经常修剪过高和过密分枝，修剪的枝条可作为覆盖物，并根据可可生长发育阶段逐步疏伐。定植后3～4年，每公顷保留90～150株荫蔽树。

图5-8 疏伐荫蔽树

（二）水分管理

在可可树幼龄阶段，应满足植株对水分的需求。规模化种植的可可园，及时灌溉是非常重要的。因此，宜选择在雨季定植。在无降水或降水偏少的情况下，定植初期，每1~2天至少淋水一次，至定植6个月后可适当减少淋水。如有条件，可按行布置灌溉水管，间隔3米接一个喷灌开口，操作简单、灌溉均匀、效果较好。灌水宜在上午、傍晚地表温度不高时进行。在雨季，如种植园积水，排水不良，也会影响可可生长。因此，在雨季前后，须对园地排水系统进行修整和清理，通畅排水系统，保证种植园排水良好。

（三）施肥管理

可可树生长需要的主要营养元素有氮、磷、钾、钙、镁、硫、铁、锰、铜、锌、硼和钼等。可可树生长迅速，幼龄树每年抽生新梢6次左右，进入结果期后，除了营养生长外，还终年开花结实。可可对养分的需求量还与可可种植园的荫蔽度有关。当荫蔽度低时，需要更多的养分才能达到高产状态，如

果荫蔽合适，则达到高产状态的需肥量就会少一些。据统计，可可定植后3年时，1公顷种植园大约需要200千克氮、25千克磷、300千克钾、140千克钙、71千克镁。

1.肥料种类

（1）有机肥料　与农业发达国家相比，中国园地土壤有机质含量不足1%，而日本达到3%～5%，美国5%～8%。要想使种植园优质丰产，须加大有机肥料的投入。常用有机肥有畜禽粪尿、堆沤肥、土杂肥、草木灰，以及塘泥和绿肥等。有机肥养分含量全面，既含有氮、磷、钾大量元素，还含有微量元素和多种生理活性物质，包括激素、维生素、氨基酸、葡萄糖、酶等，又称完全肥料。大多数有机肥养分多呈复杂的有机形态，须经过微生物分解才能被植株吸收，肥效缓慢持久，也称作迟效肥。有机肥富含有机质和腐殖质，可改良培肥土壤，增强土壤的保肥保水能力，施用有机肥改良土壤时，可以配合施用作物秸秆或植株粉碎物。施用有机肥作基肥或追肥时，应施用腐熟的有机肥。在热带地区施用有机肥有利于增加土壤微生物活性和生态多样性，改良土壤理化状态，增加土壤养分，促进根系生长，延长植株经济寿命。

（2）无机肥料　无机肥料又称矿物肥料、化肥，主要是呈无机盐形式的肥料。其所含的氮、磷、钾等营养元素都以无机化合物的形式存在，大多数要经过化学工业生产。

无机肥料因其养分含量高、肥效快、肥劲猛，能起到速效和提高产量的作用。绝大部分化学肥料是无机肥料，如氮肥、磷肥、钾肥、钙肥、微量元素肥料、复合肥等。

氮肥，根据肥料中氮素的释放速度，可将氮肥分为速效氮肥和缓释/控释氮肥两类，缓释/控释氮肥的性质不同于一般的化学氮肥，是当今化学氮肥重要的发展方向之一。此外，根据化学氮肥施入土壤后残留酸根与否，可将其分为"有酸根氮肥"和"无酸根氮肥"两类，有酸根氮肥如硫酸铵、氯化铵，这类肥料长期、大量施用会破坏土壤性质；无酸根氮肥主要有尿素、硝酸铵、碳酸氢铵和液体氮肥，这类肥料对土壤性质无不良影响和副作用，可广泛用于多种土壤，因此，目前世界上这类氮肥的产量及销量都较大，其中美国以液氨和由液氨配制的液体复混肥为主，欧洲以硝酸铵较多，日本生产尿素较多，中国最主要的氮肥品种是碳酸氢铵和尿素。硫酸铵含氮20%～21%，为生理酸性肥料，不要施在酸性及微酸性土壤上。尿素含氮46%，在地温低时要提前一周施入。碳酸氢铵含氮16.8%～17.5%，要深施覆土以减少氨的挥发。

磷肥，常见的有过磷酸钙（含磷12%～18%）和钙镁磷肥（含磷14%～18%），均为低浓度磷肥。从理化性质上看，过磷酸钙是水溶性磷肥，适宜在中性、碱性和微酸性土壤上使用；钙镁磷肥是弱酸溶性磷肥，适用于酸性土壤。由于磷素在土壤中容易被固定，所以磷肥与有机肥混合以基肥的形式施入效果较好。

钾肥，常见的有磷酸二氢钾（含钾35%）、硫酸钾（含钾50%～54%）、氯化钾（含钾50%～60%）、硝酸钾（含钾43%～46%）、草木灰（含钾5%～10%）等。硫酸钾、氯化钾以土壤施入为主，硝酸钾以冲施为主，磷酸二氢钾以叶面喷施为主。草木灰为碱性肥料，不宜与铵态氮肥或酸性肥料混合。

无机肥料的缺点有四个：一是一般不含有机质，只能供给作物养分，对改善土壤和培肥地力的作用较小；二是有效作用时间短，肥效不能持久；三是容易挥发、流失、淋洗或被土壤固定造成损失，利用率较低；四是长时间使用会破坏土壤结构，降低果品质量。当前生产的有机 - 无机复混肥料就是结合有机肥料和无机肥料的优点而开发的新型绿色环保肥料。此类肥料不仅具有有机肥料和无机肥料的优点，而且还克服了有机肥料和无机肥料的缺点，代表着复合肥料发展的新方向。

2. 有机肥堆沤方法

（1）有机肥堆制方法　农业生产中普遍使用的有机肥包括牛粪、羊粪、鸡粪等，常加入过磷酸钙等一起堆沤。作为基肥使用，有机肥与壤土的比例为1∶1或1∶1.5，混匀后经2～3个月的堆沤，期间翻动3～4次，做到腐熟、细碎、混匀方可使用。

（2）水肥沤制方法　可以用动物粪尿（普遍使用牛粪）、绿肥和水一起沤制。水肥浓度一般按1 000千克水分别加入牛粪200千克、豆科绿肥50千克。沤制期间经过2～3次搅拌，1个月以后方可使用。

3. 施肥方法

针对热带地区土壤、气候条件，以及广大种植户常规施用单一复合肥为主，而有机肥施用量不足的特点，可可施肥宜遵从有机肥与化肥结合施用、土壤施肥与根外追肥相结合的原则。有机肥以深施为主，化肥以浅施和根外追施（叶面喷施）为主。可可具体施肥方法应根据土壤条件、品种、树龄、产量水平等因素来确定。适宜的施肥方法，可以减少肥害，提高肥料利用率。在生产中，施肥方法有环沟施、穴施等。施肥时，在行间的树冠滴水线外围挖沟施下，施肥沟的深浅依据肥料种类、施用量而异。

4.肥料施用量

根据幼龄可可树的生长发育特点，应贯彻勤施、薄施、生长旺季多施肥为主的原则。以氮肥为主，适当配合磷、钾、钙、镁肥。定植后第1次新梢老熟、第2次新梢萌发时开始施肥。一般20～30天施水肥1次、1～2千克，离植株基部20厘米处淋施，浓度和用量逐渐增加。定植后第2～3年每年春季（4月）分别在植株的两侧距树干40厘米处轮流穴施有机肥1次、10～15千克，5月、8月、10月在树冠滴水线处开浅沟分别施1次硫酸钾复合肥（15∶15∶15），每株施用量30～50克，施后盖土。

图5-9　幼龄可可园挖施肥沟

图5-10　幼龄可可园施肥

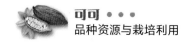
（四）中耕除草

①控制幼龄树周边杂草，清除以幼龄树为中心半径30～50厘米内杂草。

②根据天气及杂草生长状况，每1～2个月清理一次杂草。

③杂草不及时清理，会与幼苗争水争肥。

④清理掉的杂草与落叶，覆盖在植株周围不仅能降低土壤水分流失，还能抑制杂草生长。

⑤易发生水土流失的园地或在高温干旱季节，保留行间或田埂上的矮生杂草。

图5-11　幼龄可可园除草

图5-12　控制可可种植园内行间杂草

（五）整形修剪

①实生幼苗生长过程中顶端受损，主茎上会长出2个或以上分枝，修剪掉弱小分枝，仅保留单一主茎。

②幼龄园荫蔽度大，导致幼龄实生可可树干徒长，分枝部位过高。幼龄实生可可树分枝部位高于1.5米时，将主干从离地30厘米处剪断，树桩上重新萌生出直生枝，保留1条健壮的直生枝，分枝部位的高度在1.2～1.5米，树体可以形成合理的结果空间。

③部分幼龄实生可可树可能在主干的较低位置形成分枝部位，如果分枝部位低于1米，也可以剪除已形成的分枝，使再萌生出直生枝，提高分枝部位。

④幼龄实生可可树倒伏后，树根部位会再生出数条直生枝，保留1条健壮且分枝部位合适的直生枝为主干，待新生的主干稳定后，锯除倒伏树体。

⑤剪除幼龄嫁接可可树原砧木上的枝条，修剪掉接穗枝上过密分枝，保留3～5条主分枝和空间合理的二级分枝。

图5-13　剪除过低分枝

图5-14　幼龄可可树倒伏再生

图5-15　剪除幼龄嫁接可可树原砧木上萌生的枝条

图5-16　2～3条嫁接可可植株状态

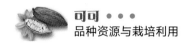

二、成龄树管理

（一）水分管理

可可在不同生长发育期，对水分的需求不同，成龄可可树主要有开花期和果实发育期。开花期和果实发育期遇干旱天气或暴雨，都会导致不良的后果。开花期和果实发育前期，需要及时灌溉，灌水量以淋湿根系主要分布层10～50厘米为好，灌溉一般在上午或傍晚地表温度不高时进行。主产季，果实发育中后期，如遇低温则进行灌溉，如遇暴雨则及时排除园地积水，及时修复损坏的排灌设施。

图5-17　标准化可可种植基地

（二）施肥管理

可可实生苗和嫁接苗一般2.5～3年就能开花结果，植株在生长发育过程需肥量较大，而且需要氮、磷、钾各种营养元素均衡供应。不同的树龄、品种、长势，不同的土壤肥力水平，施肥量、种类也有差异。施肥水平高，年度间丰产稳产；施肥不合理，营养生长与生殖生长失衡，导致有的植株树势生长过旺而开花结果少，或当年开花结果过多，大小年现象突出，树势过早衰退。因此，在标准化种植过程中，须根据可可不同生长发育特点，合理施肥。可可种植园投产后，每生产1 000千克可可干豆大约需要带走20千克氮、4千克磷、10千克钾、1千克钙、3千克镁。

1.施肥原则

①过度荫蔽、需要修剪的可可种植园不适合施肥，应降低园内荫蔽度、除草、修剪后再施肥。不然，施用的肥料只会用于植株过度营养生长以及杂草生长，对增加结果量效果不大。

②对树体管理较好的幼龄可可园施肥，种植园能持续高产。

③最佳施肥时间是小雨或阵雨之前，炎热、干旱以及暴雨季节不适合施肥。

2.施肥方法

①在可可春季发芽、抽梢前施速效肥，促进新梢生长；在可可果实迅速膨大期施保果肥，促进果实生长发育；主果季后，施养树肥，及时给植株补充养分，以保持或恢复树体生长势。

图5-18　成龄可可种植园施肥

②可可施肥方法应根据树龄、肥料种类、土壤类型等来决定。适当的施肥方法能减少肥害，提高肥料利用率。

③施肥前，清理以树根为中心、半径1米内的落叶和杂草；施肥后，再用落叶和杂草覆盖肥料。

④施用有机肥。在可可树冠滴水线处开沟，每年每株施10～15千克有机肥。

⑤施用化肥。在以树根为中心、半径0.5～1米范围撒施，每年每株施250～500克化肥（N：P：K＝15：15：15的复合肥与尿素比例约为1：1），分3次施，每次100～150克。

（三）中耕除草

可可根系生长密集，有些根系贴近地表不断延伸横走来吸收营养物质，如果土壤通气性好，有机质丰富，则生长迅速。在种植园结果初期，可可叶片尚未完全覆盖地表，须控制园地杂草，每1～2个月用割草机清理一次杂草。随着大量凋落的可可叶片完全覆盖地表后，园地内环境不再适宜杂草生长，因此完全投产后的种植园便不再需要除草。

（四）整形修剪

成龄树整形修剪是可可栽培管理中一项重要的内容，目的是在土、肥、水综合管理的基础上，通过物理等手段，将植株调整成空间布局合理化、光能利用最大化、果实质量最优化、获得效益最高化而采取的一种人为管理措施。整形是将树体整成一定的形状，使树体的主干、主分枝及次分枝等具有一定的数量关系、空间布局和明确的主从关系，从而构成特定树形。修剪是指对具体枝条所采取的各种物理性的剪截和处理措施。

1.整形修剪目的和意义

（1）缩短非生产期，延长经济寿命　植株进入结果期的早晚和早期产量的高低，因树种、品种的生物学特性和土、肥、水综合管理及病虫害的综合防治水平而不同。根据树种和品种的成花难易，采取相应的修剪技术措施，可适当缩短非生产期。生产中，为促进生长，加速冠幅延伸，可适当重修剪，减少主分枝高度与数量，促进分枝生长；对盛产期的大树，则应通过修剪，保持结果枝、次分枝的空间与适当比例，维持植株生长与结果的平衡关系，使结果枝能持续大量产果；对进入衰老期的老龄植株，则需要通过更新复壮，维持经济产量。

（2）改善树体光照　光照时间的长短和光照强度的强弱，对果实产量的影响很大。研究表明，可可理想树型是约75%光照直接照射到可可树叶片上，部分阳光照射到主干与主分枝的结果区域，5%～10%光照透过树体照射到种植园地面。光照不足会诱使病虫害频发、产果量下降，光照太强会晒伤树皮和果枕。调节可可种植园透光率，控制可可种植园荫蔽度，尽可能增大可可叶片受光面积，成龄可可园最低荫蔽度为10%～15%。整形修剪可以降低可可树体高度和枝叶厚度，改善光照条件，增加有效叶面积；通过合理增施肥水，提高叶片质量和光合作用效率，延长光合时间，可增加光合产物的积累，有利于成花结果。

（3）提高植株抗逆能力　可可树一经定植，便要十几年甚至几十年固定生长于一个地方，由于长期性和连续性的特点，因此植株遭受病虫侵害和不良环境条件影响的概率就会多于一年生作物。合理的整形修剪，可使树冠上的枝条有一个合理的配置和适当的间隔，保持良好的通风透光条件，促进种植园内空气流通。修剪过程中，及时清理死亡、弱小、受损、病虫侵害的枝条，可减少病虫危害和蔓延的机会，使植株少受危害，增强树体抗逆能力，保持产量稳定。

2.整形修剪原则与方法

①协调植株个体与整体的光照关系。通过整形处理好植株个体与整体的光照问题，力争树冠均衡扩展，避免树体生长参差不齐。

②科学合理整形。应在重视植株生长规律前提下，开展科学合理的整形。

③培养良好树形结构。应区分主分枝与次分枝，合理间隔配置，提高修剪效率，减少时间和劳动力。

④注意修剪顺序。修剪前应清理可可种植园内杂草，疏剪种植园内荫蔽树，降低荫蔽度。先修剪高层分枝，再修剪低层分枝，一级主分枝修剪形成4～5条，保留空间布局合理的二级分枝。

3.修剪工具与时期

（1）修剪工具　包括修枝剪、高枝锯、修枝刀、手锯等。

（2）修剪时期　最佳修剪时期为主果季和次果季之后，或结果旺季期间。依据季节、种植区域、台风季、气候类型等，不同种植地修剪时间会有所差异。

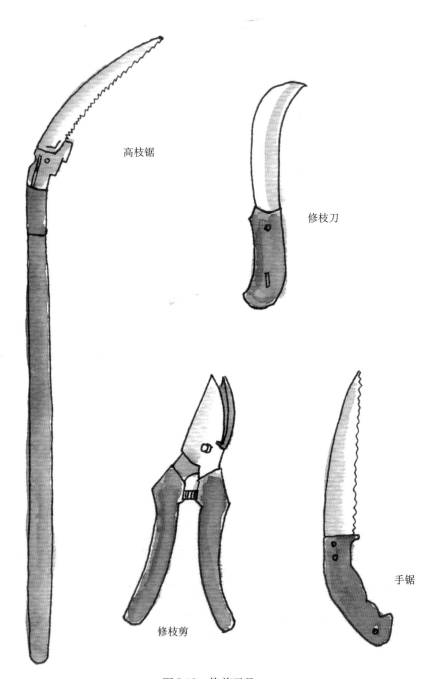

高枝锯

修枝刀

修枝剪

手锯

图5-19　修剪工具

4.整形修剪技术

（1）**修剪末端**　剪除后的枝条末端不要留有枝条凸出，修剪时将分枝紧贴主枝剪下。修剪末端留有过长凸出的枝条，枝条干枯后会诱使白蚁等害虫筑巢，危害植株。

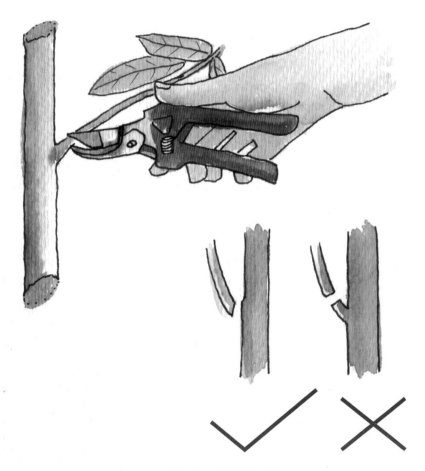

图5-20　分枝剪除方法

（2）**高度控制**

①修剪后树体高度控制在3.5～4米，修剪过长、过高的侧面优势分枝。

②优势分枝是同类分枝中明显比其他分枝高的分枝，过长的侧面优势分枝会与周边的可可树争抢光照。

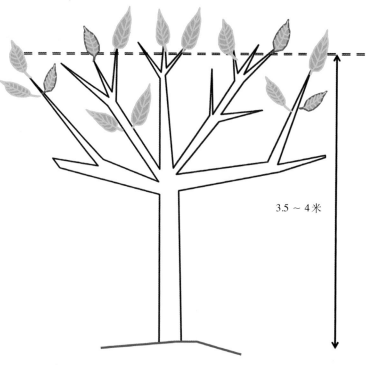

3.5～4米

图5-21　树体高度控制

图5-22　修剪前后树体高度

（3）树冠

①保持树冠完整性，修剪时保留树冠中间部位的分枝用于树体自身荫蔽。

②树冠缺乏中部分枝，大量光照会透过树冠照射到树体上的结果部位，灼伤树皮、果枕，导致结果量降低。

图5-23　树冠控制

（4）结果部位

①剪除分枝部位以下的分枝，促进种植园内空气流通，使树体上的结果部位最大化。

②剪除一级分枝上40 ~ 60厘米内的二级分枝，通常剪除幼龄植株一级分枝上40厘米内的二级分枝，成龄植株一级分枝上60厘米内的二级分枝。

（5）下垂分枝　剪除一级分枝上低于分枝部位的下垂枝条，最低枝条的高度保持在1.2 ~ 1.5米。

（6）交叉分枝　剪除树体主干与一次分枝上交叉覆盖的枝条，以增加通风，扩大结果部位。

（7）过密分枝　修剪后的位置会再次萌发出多个小分枝，需要疏剪新萌发的小分枝，留1条小分枝即可。

图5-24　修剪后理想可可植株树形

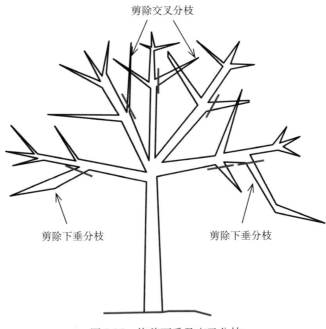

图5-25　修剪下垂及交叉分枝

剪除过密分枝

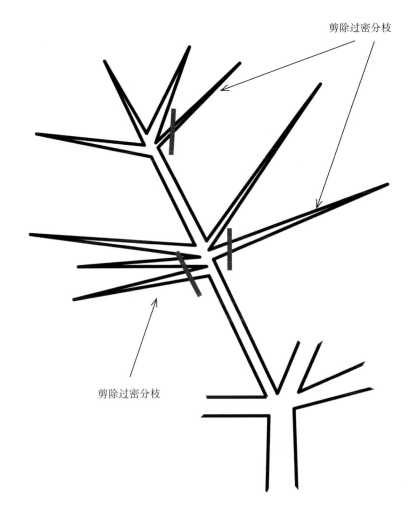

剪除过密分枝

图5-26　修剪过密分枝

（8）末端分枝　修剪相邻植株交叉的末端分枝，相邻植株末端分枝间保持10～20厘米间隔，增加种植园内空气流通，地表光照透射。

（9）直生枝

①直生枝也称徒长枝，直生枝只会消耗树体的水分与养分，需要及时剪除。

②直生枝刚抽生出来时，比较柔软，较易修剪；直生枝生长迅速，发育成枝干后修剪起来会比较困难。直生枝抽生早期，及时控制。

末端交叉分枝修剪前

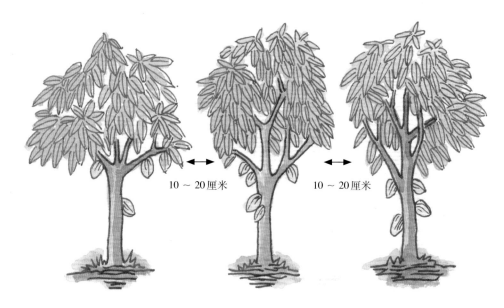

10 ~ 20厘米　　　　10 ~ 20厘米

末端交叉分枝修剪后

图5-27　末端分枝修剪前后树冠

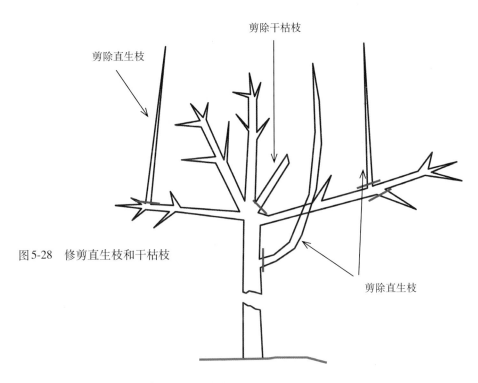

剪除直生枝

剪除干枯枝

剪除直生枝

图5-28　修剪直生枝和干枯枝

图5-29　4 ～ 5年生可可植株

（五）疏果

①可可树结果初期，正确地进行疏果，控制每株结果数量，形成生长势旺盛的树体。

②疏果可以调节大小年现象，是确保可可树高产、稳产、优质的一项重要措施。

③可可开花后结合摘梢，在授粉后60～70天进行人工疏果，疏除干果、病虫果、小果、畸形果等，选留生长充实、健壮、无病虫害、无缺陷，着生在主干和主分枝上果实横径大于4厘米的果实。

④一般，可可种植2.5～3年后结果，结果后第1年每株留3～5个果，第2年7～8个，第3年15～20个，第4年20～30个，第5年30～40个，第6年40～50个，进入盛产期每株留50～80个。

图5-30　结果可可种植园

三、老龄树管理

（一）重修剪控高

①重修剪需要梯子、油锯、高枝锯、手锯等工具。

②重修剪应在1年内，2～3次分步实施，最终将树体高度控制在3.5～4米。

③重修剪的最佳时间在主收获季后，一般在3～5月。

④第一次修剪以控制高度为主，保留空间位置合理、健壮的扇形分枝组成新树冠；修剪后6个月进行二次修剪，疏剪过密的扇形分枝。

⑤重修剪后，会诱发直生枝的大量生长。应及时修剪抽生的直生枝，每个月处理一次。如果没有及时处理抽生的直生枝，直生枝会快速长大，形成一个新树冠，导致修剪失败。

⑥重修剪时，注意保留树体中部的主分枝和枝条，避免过多光照直接照射结果部位，晒伤果枕和树皮。

图5-31　缺乏管理的可可植株重修剪控高

（二）更新复壮

①30年以上的可可种植园，树体逐渐老化，结果量下降，病虫害频发。老龄可可植株树体高大，留在较高树冠上感染黑果病的病果，会成为可可种植园内病害源头，感染园内下层的可可果。

图5-32　需更新复壮的老龄可可种植园

②根据老龄可可种植园面积和植株长势，制定计划分区块逐步更新，降低损失。

③砍伐过老可可树体，保留树桩，树桩上会抽生出新枝条，在树桩基部保留1条健壮的直生枝，直生枝长出的新根系与原有根系融为一体，形成新植株。对更新后的植株开展除草、施肥、修剪等管理，1～1.5年后就会开始结果。

图5-33　老龄可可种植园锯干更新

图5-34　更新后重新萌发植株

四、灾害天气防御

(一) 寒害预防处理

寒害是中国可可种植中主要的自然灾害之一。可可是典型的热带作物，月均温18.8～27.7℃可正常生长，月均温低于15℃生长基本停止。温度低于10℃，叶片出现寒害，呈现萎蔫、变黄变黑、落叶等症状，果实表面出现黑色斑点，影响产量，极端低温下甚至造成树体死亡。针对冬春低温天气，要做好防寒工作。常用的防寒措施如下。

①增施有机肥或钾肥。入冬前增施草木灰、火烧土、化学钾肥、腐熟牛粪肥等肥料，提高树体自身抗寒能力。

②松土培土。在可可根颈部浅挖松土，并培土15厘米，用于保温，温度回暖后再扒开。

③行间覆盖。在可可行间覆盖植物落叶，或果树周围1米的直径范围内铺设有机地膜，提高地温。

④淋水增湿。在可可树根部淋水灌溉，提高土壤的含水量和地温，防止接近地面的温度骤然降低，引起冻害。有霜冻时还需在早晨太阳出来前叶面喷水洗霜，以防太阳出来融霜时冻伤叶片。

⑤熏烟防寒。温度骤降的夜间采用，在园内设置一定数量的暗火堆，利用其产生大量的烟雾笼罩果园，减少辐射，从而减缓气温下降。

⑥预防病害。低温阴雨天气，易发生多种病害，要及时修剪受害枝条和清除枯枝落叶，并集中园外烧毁，可选用80%烯酰吗啉水分散粒剂1 500倍液，或45%咪鲜胺乳油1 000倍液，75%百菌清可湿性粉剂800倍液，间隔10～15天1次，喷施2～3次。

⑦修枝整形。寒害后，剪除轻度受害树干枯的嫩枝、顶芽，结合修枝整形，培育粗壮、结构合理的树冠。锯口以斜角为宜，锯口直径大于5厘米可用泥浆、油漆等涂封。

⑧根外追肥。气温回暖稳定后，要及时开展根外追肥，帮助恢复树势。

(二) 台风灾害预防处理

1.台风前种植园预防措施

①园区规划。可可种植园应选择地势较高，易于排水的地方建园；园区规划要与防护林设置相结合，防风林设计和树种选择详见本章第二节"种植园建设"相关部分。

②设置排灌系统。山坡地应在坡顶挖环山防洪沟，通常要求沟面宽0.8～1米、底宽及沟深0.6～0.8米，以减少水土流失。

③捆绑加固。为防强风摇动植株导致根部受损、枝条折断，新植幼龄树应设立支柱加以固定，支柱可采用竹子、木条等，再以绳子或布条固定主干。

④修枝整形。在海南每年8～10月台风较为密集的时期，果实采收后应进行修枝整形，将过密枝条剪除，并适当矮化植株，缩小树体冠幅，减轻风害。

2.台风灾后田间管理技术

①排除积水。台风期间和台风后立即疏通排水沟，加快地面积水的排除。

②吹斜、吹倒植株处理。吹斜的植株要及早扶正，适时修剪，立柱固定，留梢养树；对吹倒的植株，由于根部严重受损，不可立即扶正，先适度修剪地上枝条，待树势恢复后再逐步扶正。

③断裂枝条处理。枝条折断处应予重新修整，修剪口往上斜，防止修剪口积水腐烂，特别是一些大枝被锯除以后，伤口较大，而且表面很粗糙，这时候首先要用锋利的修削刀将锯口修光削平，最好在修剪口涂上保护剂。以防病虫由此侵入和树体水分蒸发流失而影响枝条以后的正常生长。

④保护根颈，恢复树势。台风后检查可可树体，如果树体根颈周围已形成一个洞，可配50%多菌灵可湿性粉剂500倍液，喷根颈部，然后培新土固定。

⑤病虫害防治。台风过后容易发生可可黑果病和炭疽病等，可选用50%多菌灵500倍液或70%甲基硫菌灵800倍液，每隔3天喷药1次，连喷2～3次。

⑥水肥管理。在可可根系恢复后，新叶抽长，此时可薄施有机肥、水溶性肥料、复合肥或喷施叶面肥等，以恢复植株生长势。

Chapter 6

第六章　可可主要病虫害防控

第一节　病虫害防控原则及方法

一、防控原则与策略

（一）基本原则

可可生产中病虫害防控应贯彻"预防为主，综合防治"的基本原则。可可有多种病虫害，应结合园内除草、控制荫蔽度、整形修剪、化学防治、生物防治等多种措施进行综合管理。

实施可可病虫害综合管理能实现种植园的产量最大化，需要综合考量可可生长环境、产区主要病虫害、可可品种类型等，在最佳时期管控可可树、环境、病虫害之间关系。

（二）防控策略

①尽量避免单独开展某一项田间管理，各项田间管理要集中实施，综合的投入与管理组合能获得显著成效。

②在病虫害集中暴发期，建议种植区域内所有的可可种植园均进行病虫害综合管理。如果部分可可种植园未管理或管理不到位，将阻碍病虫害的全面防控，病虫害仍能从未管理的可可种植园向外传播，导致管理效果不佳。

③实施病虫害综合管理的可可种植园，应定植具有高产、优质、抗病虫等特性的可可品种。

二、防控方法

要以农业防控为基础，化学防治为重点，生物防治和物理防治为补充，以维护生态平衡、减轻损失为目标，将有害生物的危害控制在许可范围之内，保证可可生产高产、优质、高效运行。

（一）农业防治

1.选择抗性强品种

可可品种不同，对病虫的抗性是不一样的，生产中应注意选择对当地优势病虫害抗性强的品种种植，以减轻病虫对生产的危害。

2.开展田间综合管理

开展可可病虫害综合管理的时间很关键，应在病虫害发生的最薄弱时期。可可病虫害综合管理应每年实施2次，一次在主果季之后，另一次在次果季之后。实施可可病虫害综合管理时，操作要温和，以免损伤树体。综合管理后，要认真清园，减少病菌、虫体基数，为全年防控打好基础。

表6-1　可可病虫害综合管理实施时期

管理实施时期	开花、坐果时期	果实收获时期
"重"管理： 5月、6月、7月	8月、9月、10月	主收获季： 2月、3月、4月
"轻"管理： 12月、1月、2月	2月、3月、4月	次收获季： 9月、10月、11月

（1）"重"管理

①清理植株根部周围直径1米内的杂草。

②选择性修剪荫蔽树，使75%阳光照射到可可叶片。

③相邻可可树冠间修剪出10～20厘米间隔。

④剪除下垂分枝，保持最低树冠高于地面1.2～1.5米。

⑤剪除直生枝。

⑥防控病虫害，保持可可种植园内卫生。

⑦重度修剪，将可可树高控制在3.5～4米，并塑造出结果树型。

（2）"轻"管理

①清理植株根部周围直径1米内的杂草。

②选择性修剪荫蔽树，使75%阳光照射到可可叶片。

③相邻可可树冠间修剪出10～20厘米间隔。

④剪除下垂分枝，保持最低树冠高于地面1.2～1.5米。

⑤剪除直生枝。

⑥防控主要病虫害，保持可可种植园内卫生。

（二）生物防治

在自然界食物链中，每种病虫都有天敌，生产中应充分利用天敌抑制病虫数量，减轻危害。可采取以虫治虫、以菌治虫、以鸟治虫，以及使用性诱剂等防控病虫害。

1.引入害虫天敌

可可园中害虫的天敌分为捕食性和寄生性两大类。前者主要包括瓢虫、草蛉、食蚜蝇、蜘蛛和鸟类等；后者包括各种寄生蜂、寄生蝇、寄生菌等。各种天敌都有相对应的控制害虫，其中草蛉、瓢虫是蚜虫及蚧类的天敌，食蚜蝇是蚜虫的天敌。

2.使用性诱剂

昆虫求偶交配的信息传递依赖于雌虫分泌的性外激素。人工合成的具有与昆虫性外激素相同作用的衍生物，称为性诱剂。可将性诱剂（如诱芯或迷向丝）置于可可园中，对相关害虫进行迷向干扰，使雄虫对雌虫不能够正常定位，失去求偶交配的机会，减少后代，从而达到防控害虫的目的。

使用性诱剂具有以下优点：

①对作物、人、环境无害，对天敌安全。用性诱剂控制害虫时，少喷或不喷广谱性杀虫剂，天敌就会正常增殖。性诱剂控制害虫的果园，有益昆虫的密度比用杀虫剂控制害虫的果园高2～10倍。而且，天敌还可控制次要害虫的发生。

②控制时间长。诱芯可缓慢释放信息素，放1次诱芯可控制靶标害虫1个月以上。

③覆盖范围广。信息素扩散和集聚在有效范围内，可完全覆盖。

④无抗药性。利用信息素干扰交配，目前还没有发现抗药性。

⑤使用简便。在很短的时间内挂在树枝上即可。

（三）化学防治

化学农药是防控病虫害的有效手段，在生产中具有不可替代的作用。但是如果施用方法不当，会降低防治效果。农药对人、畜均有害，施用过程要防范，大量反复使用会诱使病虫产生抗药性，还会对环境造成污染。

1.农药类别

农药品种很多，按照原料来源可分为矿物源农药、生物源农药和化学合成农药。目前，生产中允许使用的农药应具有高效、低毒、低残留的特点。

（1）矿物源农药　　如硫黄制剂、硫酸铜制剂、多硫化钡等。

（2）生物源农药　由于对人畜安全、对环境友好、污染轻，是近年来广泛推广应用的农药类型。生物源农药在使用中存在成本高、药效慢、防效较低的不足之处，因而在利用生物农药防控时应掌握"养重于防，防重于治"的原则，着重加强养成健壮的树势，以提高树体自身的抵抗力，做好预防，提早用药。在生物农药具体使用时应注意：药剂随配随用；在病害初发期、害虫的低龄期使用；不能与化学药剂、酸性及碱性农药混用；在湿度较高的情况下使用，以提高防效；注意连续用药，宜连续施用2～3次，效果好。

①微生物源农药。如白僵菌、绿僵菌、苏云金杆菌、华光霉素、多抗霉素、春雷霉素、农抗120等。

②植物源农药。如烟碱、除虫菊酯、鱼藤酮、大蒜素等。

（3）化学合成农药　如高渗吡虫啉、啶虫脒、噻虫嗪、阿维菌素、高效氯氟氰菊酯、氰戊菊酯、氟啶脲、百菌清、咪鲜胺、烯酰吗啉、三乙膦酸铝、多菌灵、戊唑醇、代森锰锌等。

2.农药施用注意事项

①按农药使用说明配制，注意农药之间合理混用，以减少用工，提高防效。多种农药混用，省工节约成本，还可避免防治对象产生抗药性。混用时应注意随混随用。混用后药效会失效的不能混用，混用后毒性降低的不能混用。

②农药喷施间隔期应适当，防止病虫危害失控。一般杀菌剂的药效持续期为7天左右，杀虫剂的药效持续期为15天左右，因而在田间喷药时，两次喷施的间隔期不可过长，防止因喷药间隔期拉得过长，导致病虫危害失控而造成较大损失。

③适时用药，降低成本，提高防效。在种植园进行病虫害防控时应充分利用农业、生物措施，抑制病虫的发生，坚持适时用药，减少农药不必要的损耗，降低生产成本。自然界生态处于此消彼长的状态，某一个物种不可能在短期内被彻底消灭，只要对生产不造成危害，对果实产量和质量的危害程度在许可范围内，就不必急于用药，为有益生物提供一定的食物来源，保持生态平衡。

④农药施用时密切关注天气情况。天气情况会直接影响田间优势病虫种类和危害出现的早晚以及危害程度。生产中应根据天气变化情况和田间病虫害发生情况，合理控制喷药间隔时间，提高防控效果。施药时把握雨前不施，确保喷药后24小时内没有降水。如果喷药后24小时内出现降水，则须重新喷药。一天中，喷药时须注意避开露水、高温，有露天气应在早晨露水干后再进行，

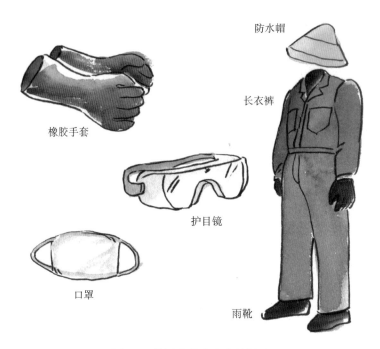

防水帽

长衣裤

橡胶手套

护目镜

口罩

雨靴

图6-1 施用农药安全防护用具

图6-2 可可种植园喷施农药

12：00—15：00高温期不宜进行喷药。一年中，春季到初夏及秋季，喷药浓度可适当提高，按农药说明书上稀释的上限施用。

⑤做好用药安全。严格把握农药的用法与用量，农药喷施过程要使用适当的防护用具，包括手套、护目镜、防水帽、雨靴、防毒面具等。农药应放在小孩、牲畜触碰不到的地方。使用完的农药空瓶、空袋不要乱丢，在远离水源的地方进行深埋处理。

第二节　主要病害及防控

一、可可黑果病

（一）症状

病菌主要侵害果荚，也常侵害花枕、叶片、嫩梢、茎干、根系。果荚染病后，表面开始出现细小半透明状的斑点，斑点迅速变成褐色，再变成黑色，病斑迅速扩大，直到黑色病斑覆盖整个果荚表面。在潮湿环境中，染病黑色果荚表面长出一层白色霉状物，果荚内部组织呈褐色，病果逐渐干缩、变黑、不脱落。花枕及周围组织受害，开始皮层无外部症状，但在皮下有粉红色变色。受害叶片，先在叶尖湿腐、变色，迅速蔓延到主脉；较老的病叶呈暗褐色、枯顶，有时脱落。嫩梢受害常在叶腋处开始，病部先呈水渍状，很快变暗色、凹陷，常从顶端向下回枯。茎干受害产生水渍状黑色病斑，病斑横向扩展环缢后，病部以上的枝叶枯死。根系受害变黑死亡。

（二）病原菌

病原菌为棕榈疫霉（*Phytophthora palmivora*）、柑橘褐腐疫霉（*Phytophthora citrophthora*），属真菌。在培养基上，菌落白色，气生菌丝白色绒毛状。

（三）发生规律

可可黑果病喜高温高湿环境。在海南，一般从2月开始发病，之后如遇连续一段阴天小雨后病害迅速扩展，3～4月出现发病高峰。9～10月降水量增大，发病率急剧上升，病害流行，10月底至11月中旬可可树上同时出现开花、结小果及成熟果现象，且连续出现降雨天气，气温均在20～30℃，可可黑果病相对严重。在旱季，病菌在地面和土中的植物残屑上，树上的病果、果柄、花枕、树皮内，地面果壳堆中，或其他荫蔽树的树皮中休眠。雨季来临时，休眠的病菌产生孢子囊，成为侵染致病源。可可黑果病通过黑蚂蚁、白蚁和其他昆虫传播，这些昆虫往树干上搬运含有致病菌孢子的土壤，致病菌散播到可可果荚。裸露的地表会加剧可可黑果病传播，暴雨天气雨滴飞溅，将致病菌孢子溅播到可可果荚。感染可可黑果病的果荚也是病菌传播的主要源头，下雨或有风天气，将致病菌孢子冲刷或吹到健康果荚上，导致果荚染病。可可黑果病危害严重，果荚一旦感染而又未及时处理，会传染到树上大部分果荚，并造成严重的产量损失。

图6-3　可可黑果病

（四）防控方法

1.农业防治

①修剪荫蔽树及可可树，降低园内荫蔽度，保证可可枝条阳光充足。

②清理染病可可果荚，集中堆放在可可园内行间地面，并用修剪的枝叶覆盖。

③清理病枝和枯枝并及时修剪直生枝。

④定期收获成熟果实，树上不要留有过熟的可可果实。

⑤地表以落叶、有机物等进行覆盖，防止雨滴传播致病菌。

⑥定期清理树干、树枝上蚂蚁搭建的泥土巢穴和通道。

⑦刚投产的可可种植园，发现病果及时清理，以免产生持续性影响。

⑧种植抗病性强的可可品种，如阿门罗纳多（Amelonado）类品种，降低可可黑果病的影响。

图6-4　清理感染可可黑果病的果实

2.化学防治

雨季是可可黑果病的高发期，雨季开始或清理病果之后，及时喷药防控。可选用如下药剂：58%甲霜灵·锰锌可湿性粉剂800～1 200倍液、10%苯醚甲环唑水分散粒剂500～1 000倍液、50%烯酰吗啉可湿性粉剂500～1 000倍液，整株喷药，每隔10～15天喷1次，直到雨季结束。

二、可可干果症

(一)症状

可可幼果水分失去平衡，果荚膨胀压下降；果荚木质部导管出现黏液状物质，其阻塞水分进入果荚，整个果荚丧失膨胀压，随后从果荚顶端开始变黄，并在1周内蔓延至整个果荚。果荚完全黄化后，再逐渐萎蔫成黑褐色。在果荚萎蔫末期，子房加速生长导致果荚不同组织差异化膨胀，与此同时果皮细胞和内部维管束组织仍在增大，然而果荚外层组织木质化，最终导致果荚僵化，萎蔫成黑褐色的干果仍附着在枝干上。

图6-5　可可幼果黄化

图6-6　可可幼果萎蔫

(二)诱因

可可植株叶片大量抽生期，由于树体无法通过光合作用产生足够的能量，同时支撑嫩叶与幼果生长发育，养分竞争导致干果数量上升；植株的根冠平衡与干果直接关联，枝条上的干果率比树干上的高，养分、水分运输分配也是出现干果的原因之一。干果现象在幼龄期可可树上更为普遍，可能是由于幼龄植株尚未储备足够的物质养分来支撑果荚的发育。

图6-7　可可干果症

（三）发生规律

可可开花量大，然而仅有0.5%～2%的花成功授粉坐果，未能授粉成功的花会在开放后32小时凋落。可可花成功授粉后6～8天，子房出现发育迹象，这些未成熟的荚果常被称为幼果。由于虫害及其他原因，一般有多达75%的幼果出现生理性干果，只有少部分的幼果能发育成为成熟的果荚。可可干果发生在果实发育的两个时期，第一个高峰期是从授粉后50天开始到胚乳细胞形成细胞壁结束，第二个高峰期是在授粉后70天，之后随着果荚新陈代谢能力的提升，干果现象便逐渐消失。研究表明，可可干果现象是植株根据自身状态和环境条件调控结果量的一种手段。

（四）防控方法

可可种植园内合适的荫蔽度，可以降低园地湿度，减少原生藻菌和真菌病原体的传播与孢子形成。控制可可植株高度，适当降低园地荫蔽度，可有效降低干果率。在果实发育初期，及时修剪新生直生枝与过密扇形枝，降低养分竞争。生产中，增加内生型芽孢杆菌的菌落数量，不仅可以减少黑果病发生频率，也可以降低干果的发生。

第三节　主要虫害及防控

一、茶角盲蝽

（一）分类地位

茶角盲蝽（*Helopeltis theivora* Waterh），属半翅目，盲蝽科。

（二）形态特征

卵长圆筒形，中间略弯曲，末端钝圆，前端稍扁，形似香肠，长宽约1.5毫米×0.4毫米。顶端生有两条不等长的刚毛，毛端稍弯，长分别为0.7毫米和0.5毫米左右。初产时乳白色，后逐渐转为浅黄色，临孵化时为橘红色。

初孵化若虫为橘红色，小盾片无突起，2龄后，随龄期增加，小盾片逐渐突起。各龄若虫盾片长度：2龄约0.2毫米，3龄约0.5毫米，4龄0.8～1.0毫米，5～6龄约1.2毫米。5～6龄若虫虫体浅黄至浅绿色，形状似成虫，但无翅。老熟若虫长4～5毫米，足细长，善爬行。

成虫体褐色或黄褐色，体长4.5～7.0毫米，宽1.3～1.5毫米。虫体头小，头部暗褐色或黑褐色，唇基端部淡色；复眼球形，向两侧突出，黑褐色，复眼下方及颈部侧方靠近前胸背板前方的斑淡色，复眼前下方有时淡色；触角丝状

4节，约为体长的2倍。喙细长，浅黄色，深入后胸腹板处。中胸褐色，背腹板橙黄色，盾片后缘圆形，其前部生出一直立的棒槌状突起，下半部分向下端逐渐变大，占据盾片的大部分，呈褐色。腹部淡黄色至浅绿色。翅淡灰色，具虹彩；革片及爪片透明，灰或灰褐色，有时带暗褐色，革片与爪片基部略呈白色，缘片、翅脉及革片的端部内侧及楔片暗褐色。足土黄色，其上散生许多黑色斑点，腿节大部分褐或暗褐色，基部色淡。

图6-8　茶角盲蝽若虫

图6-9　茶角盲蝽成虫

（三）危害症状及发生规律

若虫和成虫以刺吸式口器刺食组织汁液，危害可可的嫩梢、花枝及果实。嫩梢、花枝被害部位呈现多角形或梭形水渍状斑，斑点坏死、枝条干枯；幼果被害后呈现圆形下凹水渍状斑并逐渐变成黑点，最后皱缩、干枯；较大果实被害后果壁上产生许多疮痂，影响外观及品质。被害斑经过1天后即变成黑色，随后呈干枯状，最后被害斑连在一起使整枝嫩梢、花枝、整张叶片、整个果实干枯，因此被害严重的种植园外观似火烧景象，颗粒无收。

茶角盲蝽在海南无越冬现象，终年可见其发生，一年发生10～12代，世代重叠。每代需时38～76天，其中成虫寿命为11～65天，卵期5～10天，若虫期9～25天，雌虫产卵前期5～8天，产卵期为8～45天，平均20天。每头雌虫一生最多产卵139粒，最少产卵32粒。卵散产于可可果荚、嫩枝、嫩叶表皮组织下，也有3～5粒产在一处的。刚孵化的若虫将触角及足伸展正常以后，不断爬行活动，在这段时间里只作试探性取食，经过45分钟后开始正式取食。成虫和若虫主要取食1芽3叶的幼嫩枝叶和嫩果，不危害老化叶片、枝条及果实。取食时间主要在14：00之后至第二天9：00之前，每头虫每天可危害2～3个嫩梢或嫩果，10头3龄若虫一天取食斑平均为79个。此虫惧光性明显，白天阳光直接照射时，虫体转移到林中下层叶片背面，但阴雨天同样取食。

图6-10　茶角盲蝽危害可可果实症状

该虫发生与气候、荫蔽度、栽培管理有关。在海南岛南部主要可可种植区，每年发生高峰期在3～4月，此时气温适宜，雨水较多，田间湿度大，适逢可可树大量抽梢，因此危害严重；6～8月高温干旱，日照强，果实已老化成熟，嫩梢减少，食料不足，虫口密度显著下降；9～10月台风雨和暴雨频繁，因受雨水冲刷，影响取食和产卵，虫口密度较低，危害较少。栽培管理不当，园中杂草灌木多，荫蔽度大，虫害发生严重。

（四）防控方法

1.农业防治

改善可可种植园生态环境，合理密植、合理修剪，避免种植园及植株过度荫蔽，清除园中杂草灌木，改变茶角盲蝽的小生境；对周边园林绿化植物、行道树等进行整枝疏枝使其通风透光，造成不利于茶角盲蝽生长繁殖的环境条件。

2.化学防治

在海南，每年3～4月、10～12月为茶角盲蝽高发期，在此期间定期调查种植园盲蝽发生情况，掌握危害情况，及时喷药灭虫。在盲蝽发生盛期，喷施2.5%高渗吡虫啉乳油2 000倍液、48%毒死蜱乳油3 000倍液、4.5%高效氯氰菊酯1 500倍液进行防治。

二、介壳虫

（一）分类地位

危害可可的介壳虫主要有双条拂粉蚧（*Ferrisia virgata* Cockerel）和康氏粉蚧（*Pseudococcus comstocki* Kuwana），属半翅目，蚧科。

（二）形态特征

介壳虫是一类小型昆虫。雌虫无翅，足和触角均退化；雄虫有一对柔翅，足和触角发达，无口器。体外被有蜡质介壳。卵通常埋在蜡丝块中、雌体下或雄虫分泌的介壳下。

双条拂粉蚧，又称丝粉蚧或橘腺刺粉蚧等。雌虫体卵圆形，体色淡而亮，触角8节，体边缘深V形，仅具1对刺孔群，通常体表除背部中央外，覆盖白色粒状蜡质分泌物，沿背部具2暗色长条纹，无蜡状侧丝，但尾端有2根长蜡丝，可达体长的一半。

康氏粉蚧，雌成虫椭圆形，较扁平，体长3～5毫米，粉红色，体被白色蜡粉，体缘具17对白色蜡刺，腹部末端1对几乎与体长相等。触角多为8节。腹裂1个，较大，椭圆形。肛环具6根肛环刺。臀瓣发达，其顶端生有1根臀瓣刺和几根长毛。多孔腺分布在虫体背腹两面。刺孔群17对，体毛数量很多，分布在虫体背腹两面，沿背中线及其附近的体毛稍长。雄成虫体紫褐色，体长约1毫米，翅展约2毫米，翅1对，透明。卵椭圆形，浅橙黄色，卵囊白色絮状。若虫椭圆形，扁平，淡黄色。蛹淡紫色，长1.2毫米。

图6-11　双条拂粉蚧

图6-12　康氏粉蚧

（三）危害症状及发生规律

介壳虫侵害植物的根、树皮、叶、枝或果实。常群集于枝、叶、果上，常和蚂蚁互利共生。成虫、若虫以针状口器插入果树叶、枝组织中吸取汁液，造成枝叶枯萎，甚至整株枯死。幼果受害多成畸形果。排泄蜜露常引起煤污病发生，影响光合作用。

雌虫产卵在被害树干和枝条的粗皮缝隙、修剪面、病虫果，根际周围的土壤、杂草、落叶等，每头雌虫可产卵200～450粒。一年发生3代，第1代若虫盛发期为5月中下旬，6月上旬至7月上旬陆续羽化，交配产卵。第2代若虫6月下旬至7月下旬孵化，盛期为7月中下旬，8月上旬至9月上旬羽化，交配产卵。第3代若虫8月中旬开始孵化，8月下旬至9月上旬进入盛期，9月下旬开始羽化，交配产卵越冬。

（四）防控方法

1.农业防治

认真清园，消灭在枯枝、落叶、杂草与表土中的虫源。介壳虫自身传播扩散力差，生产过程中如发现有个别枝条或叶片有介壳虫，虫口密度小时，可用软刷轻轻刷除，或结合修剪，剪去虫枝、虫叶。须刷净、剪净，集中烧毁，切勿乱扔。

2.化学防治

介壳虫在若虫孵化后，先群居取食，爬行一段时间后即固定危害，一般固定3～7天后就可形成介壳。介壳刚形成的前几天体壁软弱，是药剂防治的关键时期。因此，应在介壳蜡质层未形成或刚形成时，用10%高效氯氟氰菊酯乳油1 000～2 000倍液、杀螟硫磷1 000倍液喷雾防治。发生期每7～10天喷1次，连续喷2～3次。对已经开始分泌蜡质介壳的若虫，可喷施含油量5%的柴油乳剂（柴油乳剂的配制方法为柴油：肥皂：水＝100：7：70，先将肥皂切碎，加入定量水中加热，待肥皂完全融化后，再将已热好的柴油注入热肥皂水中，充分搅拌即成），也有很好的防控效果。

3.生物防治

保护和利用天敌。如捕食吹绵蚧的澳洲瓢虫、大红瓢虫，捕食寄生盾蚧的金黄蚜小蜂、软蚧蚜小蜂、红点唇瓢虫等都是有效天敌，可以用来控制介壳虫的危害，应加以合理的保护和利用。

三、小蠹虫

（一）分类地位

危害可可的小蠹虫主要是暗翅足距小蠹（*Xylosandrus crassiusculus* Motschulsky），属鞘翅目，象甲科。

（二）形态特征

虫体2～4毫米大小，成熟成虫体红棕色，体粗壮。鞘翅前后部色泽不同，前半部光亮无绒毛，后半部晦暗被条纹状的浓密绒毛，斜面散布大小相间的浓颗粒。头冠隐于前胸背板内，触角短小而末端膨胀呈锤状，额部平隆，底面有线状密纹，刻点不明，有突起的细窄条脊。鞘翅前半部光亮，刻点沟不凹陷，沟中刻点微小，点底色深，成为黑色点列。鞘翅后半部表面粗糙，晦暗无光，刻点突起成粒，大小不等，均匀稠密地散布，不分行列。鞘翅的线毛仅分布在后半部的晦暗面上，有长短两种，各自成列，高低间错地排列在翅面上。

图6-13　暗翅足距小蠹成虫

图6-14　暗翅足距小蠹危害症状

（三）危害症状及发生规律

暗翅足距小蠹侵入可可枝干部分，成虫先在可可树上钻蛀侵入孔，交尾后再咬蛀与树干平行的母坑道，并将卵产在坑道两侧，幼虫孵化后，在母坑两侧横向蛀食，咬蛀与树干略成垂直的子坑道。被害树体表面可见针锥状蛀孔，并有黄褐色木质粉柱。暗翅足距小蠹可携带真菌*Ceratocystis cacaofunesta*传播枯萎病，这种真菌在可可树干或枝条内部组织中繁殖，阻塞水分和

图6-15　暗翅足距小蠹危害后植株枯死断折

营养传播，造成树体萎蔫或干枯。当虫体在虫洞内爬行时会携带真菌孢子，病菌随着虫体运动而传播扩散。

暗翅足距小蠹通常在可可遭受自然灾害或者采果后营养不足树体衰弱时进行危害，随着可可园树龄增长，老弱病残树增多，该虫由偶发变为常发。成虫在枯枝落叶堆、枝干内越冬，第二年气温渐升后，2～3月越冬成虫开始活动，并寻找新宿主入侵。雌虫与雄虫交配后，在新蛀孔内产卵，卵孵化后与雌成虫一起生活在蛀孔内，直至子代扬飞。暗翅足距小蠹一年可发生3～5代，甚至更多，每代生活周期约为40天，每代发生数量较大。

（四）防控方法

暗翅足距小蠹除在扬飞期会外出活动寻找新宿主，其余大部分时间都隐藏在植株枝干内，侵入孔也被蛀屑堵住，使用化学防治方法较难防治。同时，暗翅足距小蠹虫体较小，难以观察检出，在虫害检测和调查时容易被忽略。因此，在生产上常用以下方法进行防控。

1.农业防治

加强可可园抚育管理，适时合理地修枝、间伐，改善园内卫生状况。肥水充足，保持树体长势旺盛和抗虫能力。定期检查可可园，对虫害死树、残桩或经治理无效的严重受害树及时砍伐，并集中烧毁，消灭虫源。锯除伤残枝干的伤口，用沥青柴油混合剂涂封。定期清除可可园内杂草、枯枝及周边野生寄主等，发现可可园附近有被小蠹虫钻蛀死亡的宿主，应焚烧处理。在3月成虫刚开始活动时，在种植园周围放置一些衰弱的枝条，引诱成虫；在5月和7月再分别引诱扬飞的子代成虫，集中烧毁诱木，可大幅减少虫口数量，有效降低虫口大规模暴发。

2.物理防治

在可可园悬挂酒精及类似双环螺缩醛类化合物进行引诱，并在引诱器附近辅助悬挂525纳米的绿色光源或395纳米的紫色光源，能达到良好的引诱效果。

3.化学防治

在成虫羽化盛期外出活动时，可选用2.5%溴氰菊酯乳油1 000倍液或48%毒死蜱乳油800倍液，喷雾降低虫口密度。

四、白蚁

（一）分类地位

白蚁为蜚蠊目白蚁科的一类昆虫总称，英文名termite或white ant。

（二）形态特征

白蚁是半变态完全社会性昆虫，能够高效降解木质纤维素，体长3～12毫米，有翅成虫长10～30毫米，有翅成虫的中、后胸各生1对狭长的膜质翅，前翅和后翅的形状、大小几乎相等。

一般地，每个白蚁群体由非繁殖型和繁殖型构成。

非繁殖型指没有繁殖能力的白蚁，无翅，生殖器官已经退化，其在族群中的主要任务是劳动或作战，分成工蚁和兵蚁。工蚁在群体中数量最多，约占80%以上，体柔软，几乎无色素，无眼或仅存痕迹，形态与成虫相似，通常体色较暗，有雌、雄性别之分，但无生殖能力。兵蚁是白蚁群体中变化较大的类型，除少数种类缺兵蚁外，一般从3～4龄幼蚁开始，部分幼蚁分化为色泽较淡的前兵蚁，进而成为兵蚁。兵蚁头部圆形、卵圆形、近乎方形或长方形等，有色素，高度骨化，上颚发达，根据上颚形状，可分上颚兵与象鼻兵两大类，无

图6-16　白蚁危害症状

眼或仅存痕迹，专司捍卫群体，约占群体的5%。

繁殖型指有性的雌蚁和雄蚁，职责是保持旧群体和创立新群体。体躯骨化，黄、褐或黑色，通常有2对发达的翅。每年4～6月是其婚飞高峰期，特别是在春夏雨后闷热时，大量长翅繁殖蚁从蚁巢中飞出，配对建立新族群。

（三）危害症状及发生规律

老龄可可树易受白蚁危害，造成植株空洞、长势衰弱、易折断。可可树的早期白蚁危害较难探测，白蚁危害晚期，树体强度下降，在强风、暴雨天气，导致树体倒伏、主枝断裂。白蚁危害后的可可树，树皮变得松软、呈海绵状。白蚁等害虫在可可树干表面用土建造巢穴通道，导致黑果病及其他病害向可可树体扩散。

（四）防控方法

1.农业防治

定期检查可可园，及时清理枯枝。白蚁从干枯树枝处侵害可可树，修剪

分枝时尽量紧贴主分枝或树干，修剪处会长出愈伤组织，结痂后包裹伤口，阻止白蚁侵入。白蚁从干枯树枝侵入危害可可树，在危害之初，尚未发展成大规模蚁巢前，可以通过检查干枯树枝截面发现白蚁侵入。

2.化学防治

在白蚁危害初期喷施2.5%溴氰菊酯乳油400倍液、20%吡虫啉乳油400~600倍液或氟硅菊酯（硅白灵）800~1 000倍液进行防治。

五、尺蠖

（一）分类地位

尺蠖为鳞翅目尺蛾科一类昆虫的总称，英文名measuring worm。

（二）形态特征

尺蠖幼虫，虫体细长柔软，常带有浅色条斑，长达几厘米不等，行走时呈"弓"字形，如架起的桥梁，故又称"造桥虫"。休息时，虫体能斜向伸直如枝状。尺蠖幼虫时期会蜕5次皮，化蛹后挂在可可树上或掉落在地面上，化蛹8天后蛾子就会破蛹而出。

（三）危害症状及发生规律

多数尺蠖会危害可可叶片。尺蠖成虫（蛾子）在可可树和荫蔽树上产卵，卵几天后就会孵化成幼虫。幼虫会不停地啃食可可嫩叶。尺蠖幼虫在自然界中存在鸟类等大量天敌，虫口密度常处于较低水平，对可可树叶片

图6-17　尺蠖幼虫取食可可叶片

啃咬危害较轻。然而，尺蠖幼虫大量暴发，虫口密度较大时，该虫会严重啃食叶片，导致可可产量下降。

（四）防控方法

可采用椰子或山毛豆作为可可的荫蔽树，椰子或山毛豆能降低尺蠖对可可的危害。可可定植后，3年以内的种植园出现严重尺蠖危害时，采用农药防治，选用0.1%乙酰甲胺磷（杀虫灵）800倍液、15%茚虫威乳油1 000~1 500倍液或2.5%联苯菊酯乳油600倍液喷施可可枝叶，控制尺蠖。

六、其他害虫

（一）危害症状及发生规律

除上述主要害虫外，可可苗期与抽梢期还易遭受其他蛾类幼虫侵害，包括斜纹夜蛾、毒蛾等。这些孵化幼虫啃食叶片组织，形成孔洞或缺刻，严重时啃食成网状，导致幼苗或植株长势衰弱，易受病菌侵入。

图6-18　斜纹夜蛾幼虫取食可可叶片

图6-19　毒蛾幼虫取食可可叶片

（二）防控方法

针对可可幼苗，清理苗圃周边杂草、枯株、落叶，发现卵块或较多幼虫时，及时剪除并集中烧毁。低龄幼虫抗药性差并且聚集危害，宜采用化学方法进行防治，清晨或傍晚喷施氯虫苯甲酰胺、甲氨基阿维菌素苯甲酸盐、溴虫腈、甲维·茚虫威等药剂，每1～2周交替使用。

Chapter 7
第七章　可可收获与加工

第一节　果实收获

一、采果

成龄可可树一年四季均可开花结果，从授粉成功到果实成熟需要135～180天。海南主果季为2～4月，次果季为9～11月。

可可果实成熟后呈现黄色或橙黄色，在果实成熟季每1～2周集中采摘一次。采摘果实时，剔除病果、坏果。

用剪刀或镰刀将可可果实采下。用手直接将果实从树干上拉下或拧下，会损伤果枕，病菌也会从扭伤部位进入树体而致病。

过早采摘果实，果肉含糖量低，种子不充实，发酵不良；过熟采摘果实，果肉含水量降低，种子可能感染病害，也可能发芽，发酵速度过快致使可可豆品质不一。

采收后的可可果可以存放2～7天，长时间存放会加速可可的预发酵，发酵时可可豆温度升高过快，影响发酵质量。

图7-1　可可果实采收方法

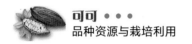

二、取豆

可可果实采摘后应及时取豆加工，采摘后的果实放置时间不宜超过1周。

通常用长方形木块或合适刀具破开果实，将可可湿豆收集在簸箕或塑料桶等容器。破果时，不要用锋利的刀切开果实，以免划破可可豆。

要避免下雨天取豆，否则雨水会冲刷走果肉中的糖分，影响后续发酵。

必须剔除感染黑果病、过熟的可可种子。

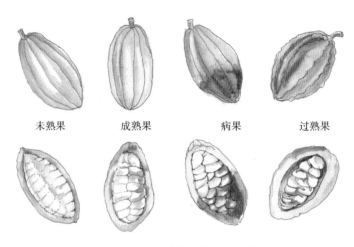

未熟果　　　　成熟果　　　　病果　　　　过熟果

图7-2　不同成熟程度可可果实

图7-3　破开果实收集可可湿豆

第二节　可可豆加工

一、发酵

1.发酵原理与方法

从果壳中直接取出包裹果肉的生可可豆叫做湿豆。可可湿豆不具有香气，尝起来也没有巧克力等可可产品的味道，发酵能提高可可豆的品质，提升可可豆价格。

可可豆的巧克力风味是在发酵与焙炒过程中，通过微生物的共同作用以及烘焙时发生的美拉德反应形成的。

发酵后的可可豆呈棕色或者紫棕色，不经过发酵的可可豆干燥后呈石板色。采用不经过发酵的可可豆加工巧克力，苦涩味为主要风味，缺乏明显的巧克力香气，而且外表呈现灰棕色。

可可湿豆一般在木箱中发酵。采用尼龙袋或田间挖穴进行发酵，会导致可可豆品质低下。

可可湿豆应在取豆后24小时内开始发酵；不同批次的可可湿豆单独发酵，不要将不同批次的可可湿豆混合发酵，发酵中途不要再加入新鲜的可可湿豆。

图7-4　可可豆发酵设施（大量发酵）

推荐使用50厘米×50厘米×50厘米木箱，底部及四周须留有一些孔，木箱过小不利保持发酵热量导致发酵不完全，木箱过大不利于箱内可可湿豆通风导致可可豆偏酸。

每次发酵前清理木箱，保证木箱底部孔洞、木板间缝隙畅通。

可可湿豆放入木箱后，用香蕉叶、木板等透气性好的材料盖住，既能保持木箱内发酵热量，又能保证木箱通风。

图7-5　木箱发酵（小量发酵）

图7-6　翻　豆

2.翻豆

可可湿豆需要连续发酵5～7天。发酵过程中，从第三天开始每天翻一次湿豆，促进空气进入木箱内部，同时分离粘连的湿豆。

每次翻豆，将位于木箱角落、边缘的湿豆与内部的湿豆充分混合，使得湿豆能均匀发酵。

可可湿豆发酵过程会产生大量发酵液（俗称"流汗"），发酵液需要及时从木箱中排出。每次翻豆要清理堵塞木箱底部孔洞及木板缝隙的残渣，保持"排汗"孔正常运转。

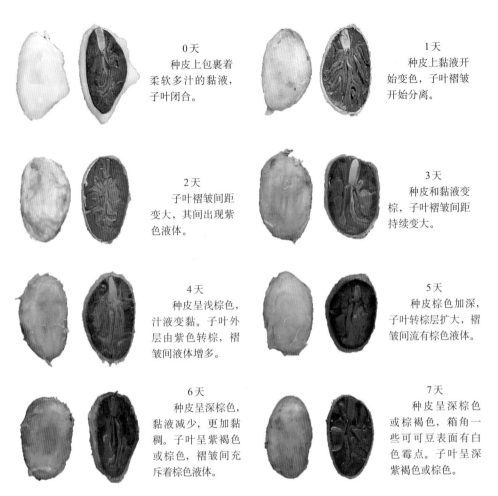

0天
种皮上包裹着柔软多汁的黏液，子叶闭合。

1天
种皮上黏液开始变色，子叶褶皱开始分离。

2天
子叶褶皱间距变大，其间出现紫色液体。

3天
种皮和黏液变棕，子叶褶皱间距持续变大。

4天
种皮呈浅棕色，汁液变黏。子叶外层由紫色转棕，褶皱间液体增多。

5天
种皮棕色加深，子叶转棕层扩大，褶皱间流有棕色液体。

6天
种皮呈深棕色，黏液减少，更加黏稠。子叶呈紫褐色或棕色，褶皱间充斥着棕色液体。

7天
种皮呈深棕色或棕褐色，箱角一些可可豆表面有白色霉点。子叶呈深紫褐色或棕色。

图7-7　不同发酵程度可可豆状态

3.发酵质量

发酵6天后，从木箱中随机挑取几粒湿豆，纵向切成两半。

发酵好的可可湿豆，纵切面的外圈是棕褐色的，纵切面的中间部分正从紫色向棕褐色转变，纵切面的沟槽中的液体是棕褐色的，闻起来有浓郁的发酵可可豆的味道，种皮内子叶呈现舒展状态。

发酵后不及时处理可可湿豆，湿豆会变黑，产生臭味，并招引来"绿头"苍蝇，生产的可可豆品质低劣；发酵时，可可湿豆量过少会导致发酵不完全，湿豆也会变黑腐烂，可可豆品质低劣。

发酵期间的气候状况会影响发酵的品质。在湿润多雨季节，发酵时可可豆温度上升缓慢，可可豆发酵不完全；在干旱季节，可可豆发酵后挥发酸含量高，可可豆发酵更完全。因此，旱季发酵比雨季更好。

发酵品质过于低劣的可可豆，收购商会拒绝收购。

二、干燥

可可湿豆发酵完成之后，应及时干燥。可可湿豆种皮会在12～24小时内变干，阻碍湿豆内部水分挥发，不及时干燥，湿豆就会发霉腐烂。

1.日晒干燥

日晒是最简单常用的干燥方法。干燥少雨季节，可以直接将发酵好的可可豆晾晒在水泥地面上；在雨季，需要晾晒设施来辅助干燥。

晾晒设施由木架、顶棚构成，木架离地面高1米左右、宽2米左右，顶棚位于木架上，中间凸起，顶部覆盖透明塑料膜。

晾晒前2天内勤翻豆，每2～3小时用耙子翻晾1次，耙开粘连的可可豆，防止结块。

可可豆日晒7～8天即可完成干燥。

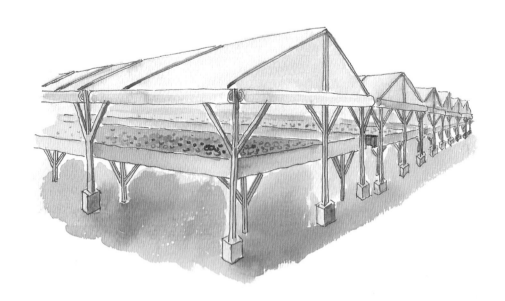

图7-8　日晒干燥设施

图7-9　晾晒翻豆

2.炉火干燥

可可豆初加工期间，遇上雨季、阴雨天气，采用炉火干燥更为适合。

干燥炉一般用木材、煤炭等加热，干燥炉预热之后再倒入发酵好的可可豆，将可可豆均匀平铺在炉床之上。

干燥炉火势不能太大，"文火"缓慢干燥，生产上在最初干燥的12小时，一般采用过夜烘干。

过夜干燥后，熄火暂停几个小时，让可可豆内部的湿气再渗透到外部干燥部分。干燥过程中，如果不熄火暂停，会导致可可豆内外干燥程度不同。炉火干燥过程虽然是不连续的，但应持续干燥2天以上。

图7-10　炉火干燥设施

干燥完全的可可豆含水量在6%～7%，可可豆冷却后，用食指和拇指揉捏感觉不再具有弹性，挤压后可可豆碎成几片，或者抓起一把可可豆挤压，听

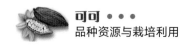

到"沙沙"声响，表明可可豆干燥适度。如果干燥后，可可豆种皮变脆破裂，表明可可豆已过度干燥。过度干燥在后期运输和加工过程中易导致损失。

三、包装储藏

干燥好的可可豆自然冷却后，装入包装袋，保证可可豆含水量在7%以下。环境湿度大，可以在包装袋内加装一层塑料膜。

可可豆储藏仓库应选在排水良好、干燥的高地，密闭通风，防止老鼠等动物盗食。

搬动装有可可豆的包装袋动作要轻，不要在装有可可豆的包装袋上踩踏、坐卧，以免损伤袋内可可豆。

图7-11　可可豆储藏

储藏可可豆过程中必须保持库房的干燥、清洁、无异味。储藏库房要远离杀虫剂、肥料和油漆等具有明显异味的物质，否则可可豆吸附异味物质，严重影响可可豆的可用性。

四、品质控制

1.风味品质

可可豆的风味在发酵及焙炒期间已经形成，将少量可可豆制作成巧克力，评判巧克力的浓度、苦涩味以及有无异味。可可豆可能存在的异味有霉味、烟熏味、酸味、苦涩味等。

（1）霉味　可可豆中有4%左右的发霉豆，制造出的巧克力便会有霉味。霉味经加工可以去除，通过切开可可豆可以评判霉味是否存在。霉味可能在果实收获前、发酵或干燥阶段产生。果实收获前，受黑果病感染的可可果，可可豆会产生内在霉味；发酵时间过长，超过7天后，霉菌数量急剧增加，导致可可豆产生霉味；干燥时遇上阴天，日晒天数延长后，霉菌也会入侵可可豆；储存环境的相对湿度过高，可可豆吸入水分就会发霉。

（2）烟熏味　可可豆在干燥或储藏阶段受到烟熏会产生烟熏味，过度发酵也会产生烟熏味，可将样品豆在手中碾碎或用槌子和研钵捣碎后，用鼻子闻出来。烟熏味不能在制作巧克力过程中去除，烟熏味有时候被认为是"火腿味"。

（3）酸味　酸味是可可豆不良发酵所产生的，可可豆含有过量的挥发性酸（乙酸）或非挥发性酸（乳酸）就会产生酸味。挥发性酸（乙酸）可以通过嗅觉闻出来，但非挥发性酸（乳酸）引起的酸味只能将可可豆制成巧克力才能品尝出来。加工过程中，挥发性酸（乙酸）会下降到较低水平，但非挥发性酸（乳酸）却不能去除，过量的非挥发性酸（乳酸）会导致巧克力失味。

（4）苦涩味　苦涩味由可可豆不良的发酵引起的。虽然苦味和涩味也是构成巧克力风味的一部分，但重的苦味和涩味会导致巧克力口感变差。未发酵的湿豆不具有明显的巧克力风味，苦涩味重；全紫色可可豆或完全发酵的可可豆均含有一些巧克力风味，但也会有苦涩味。全紫色可可豆是由于发酵过程不良，可可豆中花青素未能完全转化成无色的藻蓝素，可可豆颜色呈紫色，残存的花青素导致苦涩味。然而，全紫色可可豆长时间储藏后，大部分花青素会降解，苦涩味降低。

2.卫生标准

出售的商品可可豆的洁净度非常重要。在可可果成熟的不同阶段和储藏阶段使用化学杀虫剂会残留在可可豆中，在发酵、干燥以及储藏过程中，会有一定数量的微生物入侵。虽然微生物对可可豆发酵非常重要，但是各种各样微生物大量繁殖将使可可豆受到如沙门氏菌等病原菌的感染。正常的加工程序将灭活大部分的微生物。

Chapter 8

第八章　可可利用价值与发展前景

可可作为世界上重要的热带经济作物，富含可可脂、多酚、可可碱、纤维等成分，具有兴奋与滋补作用，是制作巧克力、化妆品、饮料、糕点等的重要原料。可可脂是可可豆中最重要的经济成分，含量占可可豆的50%左右；多酚是可可豆中重要的功能成分，含量占可可干豆的8%左右。可可脂具备独特的物理与化学性质，熔点在35～36.5℃，入口即化，并具有舒缓、保湿功效。多酚具有抗氧化、抗炎作用，可以降低胆固醇和糖尿病风险、预防多种心脑血管疾病等。此外，可可树具有"老茎生花结果"特征，果实为纺锤形，观赏性强，可用于道路美化及园艺观赏；果肉酸甜可口，味道类似山竹，可直接食用或制作果汁。可可既是经济作物，也可作为水果鲜食或庭院观赏，用途广泛，具有良好的开发潜力与市场前景。

第一节　营养成分及利用价值

一、主要成分

（一）可可豆

可可拉丁文学名的含义为"神的食物"，可可豆中含有丰富的脂肪、蛋白质、淀粉、粗纤维等，热量高达18.0千焦/千克，高于面包（10千焦/千克）和蛋类（5.31千焦/千克）的热量。

可可豆含有油酸、亚油酸、硬脂酸、软脂酸、维生素A、维生素B_1、维生素B_3、维生素B_5、维生素B_6、维生素D、维生素E，矿物质钙、镁、铜、钾、钠、铁、锌；多酚类物质，包括低聚体类黄酮，如原花青素和单体儿茶素，以及多聚体单宁；还含有苯乙胺、可可碱等。

商品可可豆（生豆）的主要成分为：水分5.58%，脂肪50.00%，含氮物质14.13%，其他非氮物质13.91%，淀粉8.77%，粗纤维4.93%，可可碱1.55%，其灰分中含有磷40.40%、钾31.28%、氧化镁11.26%。可可豆中多酚和可可碱，是形成苦涩味的主要成分。

表8-1　可可豆主要成分（%）

可可豆	水分	脂肪	含氮物质	其他非氮物质	淀粉	粗纤维	可可碱	咖啡碱
生豆	5.58	50.00	14.13	13.91	8.77	4.93	1.55	—
烘焙豆	4.16	52.63	14.97	12.78	9.02	3.40	1.56	1.44

香气是可可豆品质的特殊属性，影响着可可制品的风味品质和消费者喜好程度。可可豆的香气物质主要包括酯类、醇类、醛类、酮类、酸类和烯烃类等；其中，2，3-丁二醇、乙酸、2-戊醇、2-庚醇、2-乙酰基吡咯、糠醛、β-蒎烯、3-蒈烯、β-月桂烯、α-柠檬烯、β-石竹烯、2-壬酮和γ-丁内酯为不同类型的可可豆共有成分。

表8-2　可可豆香气成分组成（微克／千克）

类别	香气成分	Criollo 类	Forastero 类	Trinitario 类
酸类	乙酸	365.80±33.54	180.72±29.38	402.23±24.55
	异戊酸	9.00±3.99	40.67±1.31	8.54±5.01
	2-乙基丁酸	11.11±7.07	1.22±1.22	—
	己酸	3.24±1.11	1.56±0.97	3.92±1.25
醇类	2-戊醇	49.61±13.92	12.06±2.47	57.92±17.67
	异戊醇	1.55±0.72	0.42±0.42	1.91±0.64
	1-戊醇	4.78±1.72	1.69±0.66	4.95±1.11
	2-庚醇	13.43±3.01	11.00±1.19	22.17±4.83
	2-乙基己醇	40.73±3.52	3.13±3.13	29.20±4.68
	2-壬基醇	5.07±2.74	3.59±1.52	13.55±4.40
	芳樟醇	14.87±3.02	4.65±1.57	20.01±4.79
	2，3-丁二醇	14.78±6.97	11.34±8.77	13.34±3.84

（续）

类别	香气成分	Criollo 类	Forastero 类	Trinitario 类
醇类	2，4-戊二醇	1.50±1.10	1.14±0.72	0.53±0.53
	α-松油醇	6.70±0.70	0.25±0.25	2.76±1.76
	苯甲醇	4.31±0.42	1.98±0.42	4.68±0.39
	苯乙醇	3.44±0.57	2.32±0.51	5.93±0.54
醛类	正己醛	2.29±0.51	1.05±0.49	2.69±0.60
	壬醛	5.26±1.75	2.83±0.94	7.94±0.54
	苯甲醛	—	—	2.83±2.83
	苯乙醛	1.94±0.64	1.10±0.08	2.90±0.72
吡咯类	2-乙酰基吡咯	6.46±0.64	2.62±0.44	9.22±0.64
酯类	乙酸仲戊酯	2.29±0.64	1.05±0.36	1.63±0.74
	乙酸仲丁酯	—	—	4.23±4.23
	苯甲酸乙酯	—	—	2.48±2.48
	乙酸苄酯	2.99±1.34	0.84±0.84	123.30±27.94
	苯乙酸乙酯	12.35±2.40	1.65±1.65	6.57±1.58
	乙酸苯乙酯	22.06±6.32	4.44±4.44	24.61±3.26
	苯甲酸正戊酯	—	0.21±0.21	1.17±1.17
醚类	卡必醇	0.25±0.25	—	0.28±0.28
	二乙二醇丁醚	—	1.18±0.83	0.57±0.57
呋喃类	糠醛	50.18±5.39	23.49±3.14	63.71±4.90
	顺-α,α,5-三甲基-5-乙烯基四氢化呋喃-2-甲醇	3.71±0.93	0.84±0.49	4.04±1.05
	2-乙酰基呋喃	1.15±1.15	—	1.65±1.04
	5-甲基呋喃醛	2.93±0.75	0.93±0.31	4.62±0.22
	糠醇	5.79±1.85	1.10±0.63	9.73±1.49

（续）

类别	香气成分	Criollo 类	Forastero 类	Trinitario 类
烯烃类	β-蒎烯	23.80±6.27	8.46±0.76	16.78±2.58
	3-蒈烯	86.34±8.94	40.20±4.16	94.61±6.66
	水芹烯	13.84±1.05	7.57±0.56	14.27±0.93
	月桂烯	19.45±1.48	9.69±1.09	20.35±1.76
	双戊烯	146.54±8.62	68.27±4.73	168.52±19.74
	桧烯	6.64±1.59	3.13±1.11	6.09±2.044
	δ-榄香烯	2.63±1.68	—	1.60±1.08
	α-蒎烯	17.24±4.12	5.54±0.94	6.72±1.12
	反式石竹烯	56.92±7.36	21.41±6.19	30.34±4.38
酮类	3-羟基-2-丁酮	3.99±2.57	3.13±1.81	7.91±1.86
	甲基庚烯酮	3.30±2.85	0.29±0.29	7.02±4.09
	2-壬酮	15.02±3.77	8.21±2.63	29.98±6.52
	苯乙酮	5.54±0.75	2.15±0.48	7.47±0.61
内酯类	γ-戊内酯	0.76±0.48	0.42±0.42	0.88±0.56
	γ-丁内酯	14.98±3.65	14.00±6.13	17.43±1.04
酚类	爱草脑	40.19±5.77	7.66±4.56	54.00±5.57
	茴香脑	4.19±1.33	24.25±22.56	7.68±1.25
	愈创木酚	12.97±3.06	3.76±1.60	5.45±2.25

（二）可可果肉

可可果肉营养丰富，经分析含有蛋白质0.68%、糖（以葡萄糖计）15.55%、维生素C 132毫克/升、维生素B$_2$ 0.50毫克/升，总酸（柠檬酸汁）1.31%，还含有17种氨基酸（总量为0.59%）和10多种人体必需的营养元素，特别含有镁（Mg）、锌（Zn）、钴（Co）、硒（Se）等营养元素，可直接用于制作饮料和果酱，或用来酿酒、制醋酸和柠檬酸。

表8-3　可可果肉氨基酸含量（%）

氨基酸	含量	氨基酸	含量
L（+）天冬氨酸	0.0 730	L（-）苏氨酸	0.0 283
L（+）谷氨酸	0.1 506	L（-）丙氨酸	0.0 262
L（+）丝氨酸	0.0 149	L（-）脯氨酸	0.0 870
甘氨酸	0.0 195	L（-）酪氨酸	0.0 034
L（+）组氨酸	0.0 018	L（+）缬氨酸	0.0 100
L（+）精氨酸	0.0 941	L（-）蛋氨酸	0.0 078
L（-）半胱氨酸	0.0 014	L（-）苯丙氨酸	0.0 171
L（-）异亮氨酸	0.0 187	L（+）赖氨酸	0.0 298
L（-）亮氨酸	0.0 128	总氨基酸	0.5 932

表8-4　可可果肉营养元素含量（毫克／千克）

元素	P	K	Na	Ca	Mg	Fe	Mn
含量	170.00	2 208.00	531.30	114.80	130.40	4.48	3.20

元素	Zn	Cu	Co	Se	Cl	F	
含量	4.23	0.96	<0.01	0.0 068	55.76	0.07	

（三）可可果壳

可可果壳含有约60%膳食纤维、5.69%～9.69%粗蛋白、0.03%～0.15%脂肪、1.16%～3.92%葡萄糖、0.02%～0.16%蔗糖、0.20%～0.21%可可碱以及8.83%～10.18%灰分。此外，它含有多种营养元素。

表8-5　可可果壳与种皮营养元素含量（毫克／千克）

元素	Na	K	Ca	P	Fe	Mg	Mn	Cu	Zn
果壳	1 317	480	1 640	920	40	56	20	30	34
种皮	471	640	1 000	3 200	100	168	80	—	24

（四）可可种皮

可可种皮占果实的4.38%，可可种皮含量占商品可可豆总量的11%～12%。种皮含有淀粉2.8%，胶质6%，纤维素18.6%，可可碱1.3%，咖啡因0.1%，氮总量2.8%，脂肪3.4%，总灰分8.1%，单宁3.3%，维生素D及多种营养元素。

二、利用价值

（一）食用与工业价值

1.可可豆

可可所含的高能量和营养物质能够有效促进青少年身体和智力的成长。可可中含有的钾能够预防脑中风、高血压，其中的软脂酸可以轻度降低胆固醇浓度，所以可可对于中老年人群也有较好的保健功效。

可可豆中的主要部分为可可仁，经加工后用于生产可可液块、可可粉和可可脂等，这些制品是制作巧克力的主要原料，以可可为主要原料的巧克力能缓解情绪低落，使人兴奋。可可对于集中注意力、加强记忆力和提高智力都有促进作用；可可有利于控制胆固醇含量，保持毛细血管的弹性，预防心血管疾病的作用。可可中儿茶酸含量与茶中的含量相当，研究表明儿茶酸能增强免疫力，预防癌症，干扰肿瘤供血。可可还是抗氧化食品，对延缓衰老有一定功效。近年来，有关巧克力的研究报告不少，越来越多的研究表明，吃黑巧克力有益于身体健康，可以增加血液中的抗氧化成分，从而防止心脏病的发生。

种植户加工生产的可可豆，在家里通过简单的操作也可以做出可可饮品，具体做法如下。

（1）可可豆处理　可可豆发酵过程中产生的酸性物质，使可可豆口感偏酸。食用前，可可豆需要进行碱化处理，将可可豆在80～85℃的苏打或小苏打溶液中浸泡1小时，再洗净晾干。

（2）烘炒　烘炒不仅使可可种皮松脱，易于剥离，更重要的是可可豆经烘炒后形成特有的巧克力风味。可可豆烘炒采用文火110～135℃，在锅中翻炒半小时，烘炒完成后快速冷却，可可豆散发出浓郁的可可风味。烘炒过程中发生的美拉德反应，将发酵时产生的风味前体转化为人们所熟悉的巧克力风味物质。

（3）去皮与研磨　烘炒之后，可可豆薄薄的种皮变得很脆，用手揉搓就会从可可豆上脱落，可以用手拣出可可果仁或用风扇去除种皮。用研磨机将可

图8-1 烘 炒

图8-2 脱去种皮

图8-3 研 磨

图8-4 冲 泡

可果仁反复研磨，可可果仁颗粒磨细之后会粘连在一起形成浓稠物质，浓稠物质称为可可原浆，冷却后凝结成块即为可可液块。

（4）饮品冲调　碾磨后的可可原浆可以直接用开水冲泡，冲泡时加入糖、牛奶等，制成可可饮品。这种可可饮品含有丰富脂肪、蛋白质、多酚等，营养丰富，老少咸宜，有助于延缓衰老，还可以增强记忆力、促进智力发育。

2.可可果肉

可可果肉由海绵薄壁组织构成，含有蛋白质、糖、维生素C、B族维生素、氨基酸、微量元素等，营养丰富，可用于制作果汁、酿酒和制醋。取出可可湿豆后，果肉间摩擦和可可湿豆本身的重力作用，可可果汁便会流出，汁液浓度较大，并呈现透明流体状态，每吨可可湿豆可以收集100～150升可可果汁。

可可果汁可以用于加工软饮料，以可可果汁、糖和水为原料生产的饮料，是一种天然、易存放和饮用方便的果汁饮料，也可以可可果汁为主要原料生产果酱和酸果酱。可可果汁含10%～18%的可发酵糖，可用于发酵生产酒精，产物可以与白兰地和金酒/杜松子酒混合生产品质较佳的酒类产品。

3.可可果壳

可可果壳占整个果实的70%～75%，果壳一般在取出可可湿豆之后便丢弃。可可果壳含有粗蛋白、脂肪、纤维、葡萄糖、蔗糖、可可碱等。可可果壳中蛋白质和纤维类似于干草，晒干后磨成粉可作牲畜饲料。可可果壳含有的氮和钾，可以与动物性肥料相媲美，堆肥后作为可可园的肥料，并可抑制土壤线虫的虫口数量。可可果壳还可抽提果胶类似物，作为生产果酱、果冻等食品的原料。

4.可可种皮

可可种皮约占果实的4%，可提取可可碱作为利尿剂与兴奋剂用于医药，可提取色素用于制造漆染料，可提取可溶性单宁物质作为胶体溶液的絮凝剂，可用作热固性树脂的填充剂，也可作为饲料。

（二）文化价值

1.民间习俗

可可作为拉丁美洲重要的热带经济作物和全世界人民喜爱的巧克力等食品原料，它的传播成为连接拉丁美洲－非洲－亚洲的贸易桥梁，在墨西哥、秘鲁、伯利兹、阿根廷、荷兰、印度尼西亚、中国等国家民间形成了丰富多彩的可可文化节、巧克力文化节等活动，以弘扬和传承民族文化，促进可可作物产业发展，加速可可产业商贸流通。

图8-5　墨西哥可可文化节

图8-6　伯利兹可可文化节

图8-7　秘鲁可可文化节

图8-8　第一届中国可可文化节

图8-9　第三届中国可可文化节

图8-10　可可文化节期间科普可可知识

2019年10月，由中国热带农业科学院香饮所（兴隆热带植物园）主办的首届中国可可文化节在万宁兴隆盛大开幕；2020年、2021年连续举办了第二届和第三届可可文化节。文化节以"文旅融合新发展，打造可可产业

图8-11　兴隆热带植物园可可纪念币

新高地"为主题，通过举办启幕仪式、合作签约仪式、可可产业高峰论坛、缤纷巧克力展示、可可主题趣味互动体验等活动，聚焦可可前沿科技、加工技术和市场营销理念，传播可可文化，打造海南可可文化旅游体验目的地，让更多人了解可可、宣传可可，促进可可产业快速发展。

2.邮票书画作品

邮票往往承载着一个国家或民族的历史文化、风土人情、自然风貌等，有"国家名片"的美誉，邮票上的题材一般是国家或民族引以为傲的事件或物品。可可常常能作为原产地国家的邮票题材，体现着文化价值理念。植物绘画是记录以及介绍植物、传播植物文化的良好载体。可可特色鲜明，是艺术家创作的良好对象与源泉。

图8-12　科特迪瓦可可邮票　　　　图8-13　喀麦隆可可邮票

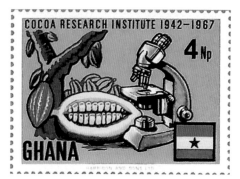

图 8-14　加纳可可邮票

图 8-15　中国可可邮票

图 8-16　中国海南万宁太阳河畔风光
（收藏于兴隆咖啡谷）

图 8-17　中国海南可可种植园
（林民富　绘制）

第二节　发展前景

可可原产于南美洲亚马孙河流域热带雨林，广泛分布于南纬20°与北纬20°之间的非洲、中南美洲、东南亚和大洋洲80多个国家和地区，直接从业者超过4 000万人。海南岛位于北纬18°9′～20°11′之间，在海南岛东南部的广阔地区，年平均温度23～28℃，年平均降水量1 500～2 600毫米，属于典型的热带气候，光照时间长，热量丰富，雨量充沛，非常适合可可的生长发育。同时，海南岛处于适宜可可种植的最北缘地区，特异的种植环境造就出独特品质与风味的可可豆。2020年，海南生产的优质可可豆首次出口到比利时等欧盟国家，品质得到世界上首家"bean to bar"巧克力品牌"皮尔·马可里尼"的青睐。可可种植2.5～3年后开始开花结果，初产期产量750～1 200千克/公顷，第6～8年进入盛产期，年平均产量1 500～1 800千克/公顷，按照"bean to bar"精品模式下产区豆50元/千克价格，每公顷年产值7.5万～9万元，植株经济寿命可达30年以上，是一种经济价值较高的热带经济作物。

此外，可可果肉酸甜可口，可直接食用，也用于制作果汁、酿酒等。可可果实主产季为每年2～4月，刚好在春节期间，也是海南岛旅游旺季，市场对可可鲜果的需求旺盛，田间收购价5～8元/个；鲜果销售结合优质可可豆生产，能产生更好的经济效益。随着海南省建设国际旅游消费中心、自由贸易试验区，积极升级旅游产品，发展特色旅游消费及康养产业，健康、生态且营养丰富的可可市场紧俏，是广大美食爱好者舌尖上的宠儿，品尝当地具有独特风味的美食也是体验海南旅游风情的重要环节。

2019年《国务院关于促进乡村产业振兴的指导意见》提出突出优势特色，培育壮大乡村产业，要因地制宜、突出特色，发展优势明显、特色鲜明的乡村产业，更好彰显地域特色、承载乡村价值、体现乡土气息，做精乡土特色产业，因地制宜发展小宗类、多样性特色种养。农业农村部《2021年乡村产业工作要点》中提出依托乡村特色优势资源，拓展乡村特色产业，建设富有特色、规模适中、辐射带动力强的乡村产业集聚区，培育一批"产品小而特、业态精而美、布局聚而合"的"一村一品"示范村镇，形成一村带数村、多村连成片的发展格局。农业农村部2021年一号文件中提出打好种业翻身仗，启动重点种源关键核心技术攻关和农业生物育种重大科技项目，

自主培育突破性优良品种；推进品种培优、品质提升、品牌打造和标准化
生产。

可可是典型热带特色作物资源，产业发展表现明显的地域性，在中国主
要分布于海南岛，发展可可产业符合海南省打造"人无我有"的热带特色高
效农业的产业布局。因此，充分释放海南岛热带气候、区位优势，借国际旅游
岛、深化现代服务业对外开发的自贸区（港）建设的东风，走"小而美""少
而精"的精品可可产业发展道路，这对海南省培育热作优良新品种、实现产业
差异化和高质量发展至关重要，可适度发展可可种植。因此，可可产业具有很
好的开发潜力和市场前景。然而，在中国发展可可种植业，以下工作值得引起
各方重视，并认真进行策划与研究。

一、优良资源引进、品种培育及配套繁育技术研发

可可种质资源作为维持其产业健康发展的源头，深入地开展收集保存、
鉴定评价研究是提升可可种质保护、创新与利用的关键。但许多研究仅停留在
形态学观察、描述及简单的分子标记分类上，与粮棉油大宗作物相比，研究相
对滞后。首先，加强可可种质资源的考察收集与引种研究工作。可可属内有
22种，在中国目前仅有可可用于栽培，此外尚有大花可可、双色可可、倒卵
可可等野生资源具有开发应用前景。中国虽已收集有部分可可种质资源，然而
优良资源相对缺乏，仍需开展优良资源引进保存工作。

可可是典型的热带经济作物，对光热条件要求较高，选育品种时不仅要
关注品质、产量等性状，也要注重抗逆品种的选育，推进可可品种培优。中国
热带农业科学院将热带经济作物作为该院六大研究领域之一，将为可可产业发
展起到促进作用。此外，通过定向培育，选育果肉可食率高、观赏性强等多元
化用途品种，促进可可产业向水果、园艺观赏等方向发展。

可可是常异花授粉植物，在遗传上高度杂合，实生后代植株间性状分离
强烈，针对优良品种推广应用需配套良苗繁育技术。目前，良种良苗缺乏是制
约可可种植产业发展的重要原因之一。本书编著者研发出可可种苗嫁接繁育技
术，嫁接成活率可达90%以上，定植后2.5～3年便能开始挂果，可在生产中
作为优良种苗繁育的一种方法进行推广应用；以后，还需要研发可可组织培养
技术，将为可可种苗实现大规模工厂化繁育提供技术储备。现阶段，在可可主
要种植区有必要建立若干个优良品种增殖圃和苗圃基地，统一繁育提供优良可
可种苗，对海南省可可产业健康持续发展具有重要意义。

二、标准化生产技术研究与集成应用

可可原产于热带雨林下，生产中需要一定荫蔽度，适宜在椰子、槟榔等热带经济林下复合种植。目前，可可生产中存在管理粗放、生产技术不配套等问题，需要研发集成综合丰产稳产技术并进行推广应用，包括复合栽培技术、整形修剪技术、病虫害防控技术、产地轻简化初加工技术，提升产品品质，推进标准化生产。

三、精深加工及系列产品研发

国际上可可加工以可可制品的二次精深加工为主，主要生产可可液块、可可脂、巧克力等产品。目前中国海南可可产业处于商业化种植阶段，应围绕特色资源，制定精深加工发展计划，考虑市场对产品需求进一步提升产品品质，研发更加优质的海南原产地的可可制品，提高可可的可追溯性，以海南可可豆为原料开发具有产地特征味道和风味的巧克力。

四、综合开发利用与品牌建设

立足海南区位资源优势，因地制宜发展可可产业，培育特色明显的可可村镇，结合可可观赏、食用等特性，形成"可可特色小镇"等。深度挖掘可可起源、传播、功能开发等文化内涵，推动可可产业与特色旅游、民族风情文化等产业新业态融合发展，引导可可旅游消费产品设计、生产与营销。以塑造"海南可可"公共品牌为核心，打造地理标志产品标识和地理标志证明商标，积极构建"公共品牌+区域品牌+企业品牌"品牌体系，不断提升品牌价值和国际认可度。通过打造集可可生产、休闲旅游、体验为一体的可可产业小镇，对实施乡村振兴、发展地方特色经济具有现实意义。

参考文献

车秀芬，张京红，黄海静，等，2014.海南岛气候区划研究[J].热带农业科学(6)：60-66.

陈伟豪，1981.可可引种试种研究[J].热带作物研究(6)：36-48.

房一明，谷风林，初众，等，2012.发酵方式对海南可可豆特性和风味的影响分析[J].热带农业科学，32(2)：71-75.

房一明，李恒，胡荣锁，等，2016.不同酵母发酵的可可果酒香气成分分析[J].热带农业科学，36(10)：1-8.

谷风林，房一明，徐飞，等，2013.发酵方式与萃取条件对海南可可豆多酚含量的影响[J].中国食品学报，13(8)：268-273.

谷风林，易桥宾，那治国，等，2015.基于感官与主成分分析的可可豆加工品质变化研究[J].热带作物学报，36(10)：1879-1888.

霍书新，2015.果树繁育与养护管理大全[M].北京：化学工业出版社.

赖剑雄，王华，赵溪竹，等，2014.可可栽培与加工技术[M].北京：中国农业出版社.

李付鹏，王华，伍宝朵，等，2014.可可果实主要农艺性状相关性及产量因素的通径分析[J].热带作物学报，35(3)：448-455.

李付鹏，秦晓威，朱自慧，等，2015.不同处理对可可种子萌发以及幼苗生长的影响[J].热带农业科学，35(5)：5-8.

李付鹏，秦晓威，郝朝运，等，2016.可可核心种质遗传多样性及果实性状与SSR标记关联分析[J].热带作物学报，37(2)：226-233.

李付鹏，谭乐和，秦晓威，等，2017.成龄可可嫁接换种技术[J].中国热带农业，77：72-74.

李付鹏，谭乐和，秦晓威，等，2018.可可嫁接成活率研究[J].种子，38(2)：94-97.

秦晓威，郝朝运，吴刚，等，2014.可可种质资源多样性与创新利用研究进展[J].热带作物学报，35(1)：188-194.

秦晓威，吴刚，李付鹏，等，2016.可可种质资源果实色泽多样性分析[J].热带作物学报，37(2)：254-261.

宋应辉,吴小炜,1997.海南可可的发展前景及对策[J].热带作物科技(2):22-25.

宋应辉,林丽云,1998.椰园间作可可试验初报[J].热带作物科技(3):36-39.

王云惠,2006.热带南亚热带果树栽培技术[M].海口:海南出版社.

吴桂苹,魏来,房一明,等,2010.可可膳食纤维的制备工艺及物理特性研究[J].热带农业科学,30(12):30-33.

易桥宾,谷风林,房一明,等,2015.发酵与焙烤对可可豆香气影响的GC-MS分析[J].热带作物学报,36(10):1889-1902.

易桥宾,谷风林,那治国,等,2015.发酵和焙烤对可可豆多酚、黄酮和风味品质的影响[J].食品科学,36(15):62-69.

张华昌,谭乐和,1996.鲜可可果汁饮料的研制和效益评估[J].热带作物研究(1):19-21.

张华昌,谭乐和,1997.鲜可可果汁饮料开发与利用研究初报[J].热带作物研究(3):22-25.

赵青云,王华,王辉,等,2013.施用生物有机肥对可可苗期生长及土壤酶活性的影响[J].热带作物学报,34(6):1024-1028.

赵溪竹,李付鹏,秦晓威,等,2017.椰子间作可可下可可光合日变化与环境因子的关系[J].热带农业科学,37(2):1-4.

赵溪竹,刘立云,王华,等,2015.椰子可可间作下种植密度对作物产量及经济效益的影响[J].热带作物学报,36(6):1043-1047.

中国热带农业科学院,华南热带农业大学,1998.中国热带作物栽培学[M].北京:中国农业出版社.

朱自慧,2003.世界可可业概况与发展海南可可业的建议[J].热带农业科学,23(3):28-33.

邹冬梅,2003.海南省可可生产的现状、问题与建议[J].广西热带农业(1):38-42.

Abate T, Van-Huis A, Ampofo J K O, 2000. Pest management strategies in traditional agriculture: an African perspective[J]. Annu Rev Entomol, 45: 631-659.

Akrofi A Y, Amoako-Atta I, Assuah M, et al, 2015. Black pod disease on cacao(*Theobroma cacao* L.) in Ghana: Spread of *Phytophthora megakarya* and role of economic plants in the disease epidemiology[J]. Crop Protection, 72: 66-75.

Argout X, Salse J, Aury J M, et al, 2011. The genome of *Theobroma cacao*[J]. Nat Genet, 43: 101-108.

Bartley B G D, 2005. The genetic diversity of cacao and its utilization[M]. UK, Wallingford: CABI Publishing.

Boza E, Motomayor J C, Amores F, et al, 2014. Genetic characterization of the cacao cultivar CCN 51: Its impact and significance on global cacao improvement and production[J]. Journal of the

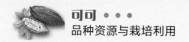
American Society for Horticultural Science, 139: 2219-229.

Counet C, Callemien D, Collin S, 2006. Chocolate and cocoa: New sources of trans-resveratrol and trans-piceid[J]. Food Chemistry, 98(4): 649-657.

David F. Dinges, 2006. Cocoa Flavanols, cerebral blood flow, cognition, and health: Going forward[J]. J Cardiovasc Pharmacol, 47(2): 221-223.

Dias LAS, 2004. Genetic improvement of cacao[DB/OL]. http: //ecoport. org.

Ellam S, Williamson G, 2013. Cocoa and human health[J]. Annu Rev Nutr, 33(1): 105-128.

Engler M B, Engler M M, Chen C Y, et al, 2004. Flavonoid rich dark chocolate improves endothelial function and increases epicatechin concentrations in healthy adults[J]. J Am Coll Nutr, 23(3): 197-204.

Fraga C G, Croft K D, Kennedy D O, et al, 2019. The effects of polyphenols and other bioactives on human health[J]. Food Funct, 10(2): 514-528.

Grassi D, Desideri G, Necozione S, et al, 2008. Blood pressure is reduced and insulin sensitivity increased in glucose-intolerant, hypertensive subjects after 15 days of consuming high-polyphenol dark chocolate[J]. J Nutr, 138(9): 1671-1676.

Hammerstone J F, Lazarus S A, Schmitz H H, 2000. Procyanidin content and variation in some commonly consumed foods[J]. The Journal of Nutrition, 130(8): 20865-20925.

Hernández-Hernández C, Viera-Alcaide I, Morales-Sillero A M, et al, 2018. Bioactive compounds in Mexican genotypes of cocoa cotyledon and husk[J]. Food Chem, 240(1): 831-839.

Khenga T Y, Balasundramb S K, Ding P, et al, 2019. Determination of optimum harvest maturity and non-destructive evaluation of pod development and maturity in cacao(*Theobroma cacao* L.) using a multiparametric fluorescence sensor[J]. J Sci Food Agric, 99(4): 1700-1708.

Latif R, 2013. Chocolate/cocoa and human health: A review[J]. Neth J Med, 71(2): 63-68.

Lepiniec L, Debeaujon I, Routaboul J M, et al, 2006. Genetics and biochemistry of seed flavonoids[J]. Annu Rev Plant Biol, 57: 405-430.

Li F P, Wu B D, Qin X W, et al, 2014. Molecular cloning and expression analysis of the sucrose transporter gene family from *Theobroma cacao* L[J]. Gene, 546(2): 336-341.

Oracz J, Zyzelewicz D, Nebesny E, 2015. The content of polyphenolic compounds in cocoa beans(*Theobroma cacao* L.), depending on variety, growing region, and processing operations [J]. Crit Rev Food Sci, 55(9): 1176-1192.

Schroth G, Ruf F, 2014. Farmer strategies for tree crop diversification in the humid tropics[J]. Agron Sustain Dev, 34: 139-154.

Teja T, Yann C, Shonil A, et al, 2011. Multifunctional shade-tree management in tropical agroforestry landscapes–a review[J]. Journal of Applied Ecology, 48: 619-629.

Tomas-Barberan F A, Cienfuegos-Jovellanos E, Marin A, et al, 2007. A new process to develop a cocoa powder with higher flavonoid monomer content and enhanced bioavailability in healthy humans[J]. J Agric Food Chem, 55(10) : 3926-3935.

Wickramasuriya A M, Dunwell J M, 2018. Cacao biotechnology: current status and future prospects[J]. Plant Biotechnol J, 16(1) : 4-17.